高等院校艺术设计专业应用型新形态教材

LAYOUT DESIGN

版式设计

主编◎高彦彬
副主编◎曹天彦　刁　颖

重庆大学出版社

图书在版编目（CIP）数据

版式设计 / 高彦彬主编. -- 重庆：重庆大学出版社，2023.12
高等院校艺术设计专业应用型新形态教材
ISBN 978-7-5689-0458-2

Ⅰ.①版… Ⅱ. ①高… Ⅲ. ①版式—设计—高等学校—教材 Ⅳ. ①TS881

中国版本图书馆CIP数据核字（2017）第053043号

高等院校艺术设计专业应用型新形态教材
版式设计
BANSHI SHEJI

主　编　高彦彬
副主编　曹天彦　刁　颖

策划编辑：张菱芷
责任编辑：夏　宇　　版式设计：刘雯娜
责任校对：关德强　　责任印制：赵　晟

重庆大学出版社出版发行
出版人：陈晓阳
社　址：重庆市沙坪坝区大学城西路21号
邮　编：401331
电　话：（023）88617190　88617185（中小学）
传　真：（023）88617186　88617166
网　址：http：//www.cqup.com.cn
邮　箱：fxk@cqup.com.cn（营销中心）
全国新华书店经销
重庆新金雅迪艺术印刷有限公司印刷

开本：787mm×1092mm　1/16　印张：7　字数：180千
2023年12月第1版　2023年12月第1次印刷
ISBN 978-7-5689-0458-2　定价：48.00元

编委会

序 / PREFACE

人工智能、万物联网时代的来临，对传统行业的触动与重组方兴未艾。各学科高度融合，各领域细致分工，改变着人们固有的思维模式和工作方式。设计，是社会走向新时代的重要领域，并且扮演着越来越重要的角色。设计人才要适应新时代的挑战，必须具有全新和全面的知识结构。

作为全国应用技术型大学的试点院校，我院涵盖工学、农学、艺术学三大学科门类，建构起市场、创意、科技、工程、传播的课程体系。我院坚持“市场为核心，科技为基础，艺术为手段”的办学理念，以改善学生知识结构、提升综合职业素养为己任，以“市场实现”“学科融合”“工作室制”“亮相教育”为途径，最终培养懂市场、善运营、精设计的跨学科、跨领域的新时代设计师和创业者。

我院视觉传达专业是重庆市级特色专业，以视觉表现为依托，以“互联网+传播”为手段，融合动态、综合信息传达技术的应用技术型专业。我院建有平面设计工作室、网页设计工作室、展示设计实训室、数字影像工作室、三维动画工作室、虚拟现实技术实验室。

我院建立了“双师型”教师培养机制，鼓励教师积极投身社会实践和地方服务，积累并建立了务实的设计方法体系和学术主张。

在此系列教材中，仿佛能看到我们从课堂走向市场的步履。

张雄

重庆人文科技学院建筑与设计学院院长

2021年冬

前　言 / FOREWORD

“版式设计”作为平面设计这个大学科的一个重要课题，一直以来都是视觉传达设计师在各个设计领域实践和理论研究方面的重点。在现代设计多元化发展的大趋势下，新思想、新概念、新技术不断介入人们的生活，中国的版式设计应在实践与探索中思考与寻找设计的未来之路，这对当下的版式设计教学提出了新的要求。本教材旨在通过简单、清晰的思维方式，引导读者既能快速深入地学习版式设计的方法，又能轻松掌握其在设计领域的应用和实践。

本教材通过阐释版式设计的基本定义和内容，说明版式设计在现代设计中的重要性及应用性，围绕版式设计的视觉原理、构成与表现、版式设计应用三大主题来介绍它的基本概念、类型和视觉元素，以及版式设计在各设计领域的应用方法。版式设计是通过图片、文字和色彩等构成要素，结合版式构成原理和视觉流程要素来进行排版的一门学科，目的是将版面中有关信息要素进行有效配置，使之成为易读的形式，让人们在阅读过程中能够了解并记忆内容传达的信息，有效地提高对版面的注意力，达到更好地传播产品的目的。

本教材编者本着实事求是、精益求精的学术态度，为学生打开一条通往知识的“捷径”。我们在此感谢学院领导和同仁的关怀，正是他们的大力支持和帮助才使本教材得以顺利出版。本教材在编写过程中引用了一些国内外的资料，由于各种原因不能一一注明出处，在此对相关作者表示感谢，这些图片的版权归作者所有。由于作者水平有限，书中不足之处在所难免，恳请读者批评指正。

编者

2022年7月

教学进程安排

课时分配	导引	第一单元	第二单元	第三单元	合计
讲授课时	2	7	10	9	28
实操课时	0	7	14	15	36
合计	2	14	24	24	64

课程概况

“版式设计”是视觉传达设计专业的基础课程。本课程教学的首要任务是使学生掌握版式设计的实践方法和表现手法；了解版式设计的基本概念，掌握版式设计的原则、设计的要素和视觉流程，揭示版式设计的本质、内涵。更重要的是，本教材在此基础上引发学生的创造性思维，通过案例分析，使学生了解版式设计类型和表现手法以及各个设计领域的应用，由浅入深、由点及面地全面阐明版式设计要领，为后续专业设计课程打下坚实的基础。

教学目的

学生通过对本教材内容的学习，可以对版式设计有一个系统而全面的认识，了解版式设计的基本概念和设计原理，灵活掌握视觉流程设计、栅格系统的编排搭建方法；训练学生动手能力、创新能力以及独立完成版式设计任务的能力；探索版式设计的形式美感，提升学生审美情趣和设计思维；能够独立运用版式设计的理论知识完成版式相关的设计任务。

目　录 / CONTENTS

导　引
认识版式设计

课时： 2课时

单元知识点：学生了解版式设计的发展规律，理解版式设计的意义，掌握版式设计的基本原则，了解版式设计在设计过程中的优势与作用。

1.什么是版式设计

版式设计是现代设计艺术的视觉基础和重要组成部分，是视觉传达的重要手段。从外在层面来看，它是一种对视觉元素的编排手法；从内在层面来看，其既是一种设计技能，更实现了技术与艺术美学的高度统一。版式设计是现代设计从业者必需的一项基本技能，也是设计者设计素养的重要组成部分。

视觉设计范畴内的版式是指设计者根据设计内容和设计需求，在既定的有限版面范围内，运用操作技术和形式法则，将文字、图形图案以及色彩等视觉传达信息要素，进行有组织、有目的的组合排列，最终形成具体设计物的设计过程（图0-1）。

图0-1　通过图形图案、文字信息以及色彩共同进行组织编排形成所谓版式

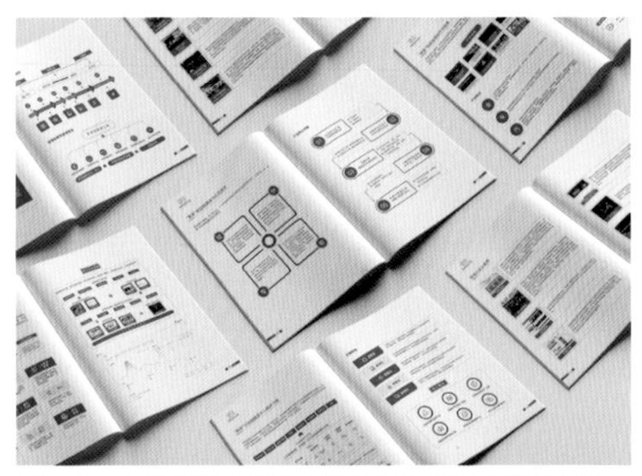
图0-2　企业手册中的版式设计更加便于信息的浏览

图0-3　企业手册中的视觉元素通过刻意的排版布局显得更加美观

图0-4　James St指南手册版式设计

在《现代汉语词典》中，“版式”的解释为“版面的格式”；在《辞海》中，“版式”则解释为“书刊排版的式样”。所谓版式设计，即在有限的版面空间里，按照一定的视觉表达内容的需要和审美的规律结合各种平面设计的具体特点，运用各种视觉要素和构成要素，将各种文字图形及其他视觉形象加以组合排列、进行表现的一种视觉传达设计方法（图0-2—图0-4）。

现代科学技术的发展、社会经济的提高为版式设计提供了巨大的发展与应用空间（图0-5、图0-6），版式设计当下被广泛地应用于广告、招贴、书刊、包装、企业形象和网页界面等印刷及数字领域，为文化传承、观念输送和商业运营等方面的发展发挥出巨大的作用，为丰富新的设计体验和媒体形态提供了广阔天地。

图0-5　在各种刊物中都存在不同的版式设计

图0-6　所有视觉设计中都会融入版式的编排

从设计任务上讲，版式设计的最终目的是视觉信息的精准传达。根据设计问题的实际需求进行合理的视觉信息编排，以达到最直接、精准、有效的信息传达，使传播内容明确、突出，优化读者的关注、理解与记忆。版式设计的本质是对视觉信息功能化与艺术审美化的转换。文字及图形的可识别性和准确性，体现了信息的传播诉求；调整层次、韵律、节奏等审美内容体现了信息的审美诉求，最终服务于社会，满足于用户需求。

2.版式设计的起源与发展

在人类文明之初，就已经有了版式的身影，当原始人将第一个象形符号刻画在岩石上的时候，需要考虑图形符号与岩石表面的大小位置关系，以及彼此之间的布局的时候，原始的版面概念在那一瞬间就已经产生了。可以说版式是伴随着图腾、文字等符号同时期出现在人类文明中的。

美索不达米亚平原是人类文明的发源地之一，也是世界上最早产生文字的地方。公元前6000到前5000年间，美索不达米亚地区的苏美尔人就开始在泥板上书写一种自己发明的象形文字——楔形文字（图0-7）。发现的这些楔形文字泥板上呈现的内容已经有了版式的概念。我们发现当时的人们会运用线条刻意将文字区域划分开来，从而使得这些文字之间存在某种秩序，便于浏览和阅读，这可以被看作世界上最早的版面划分的设计形式。

图0-7　楔形文字泥板

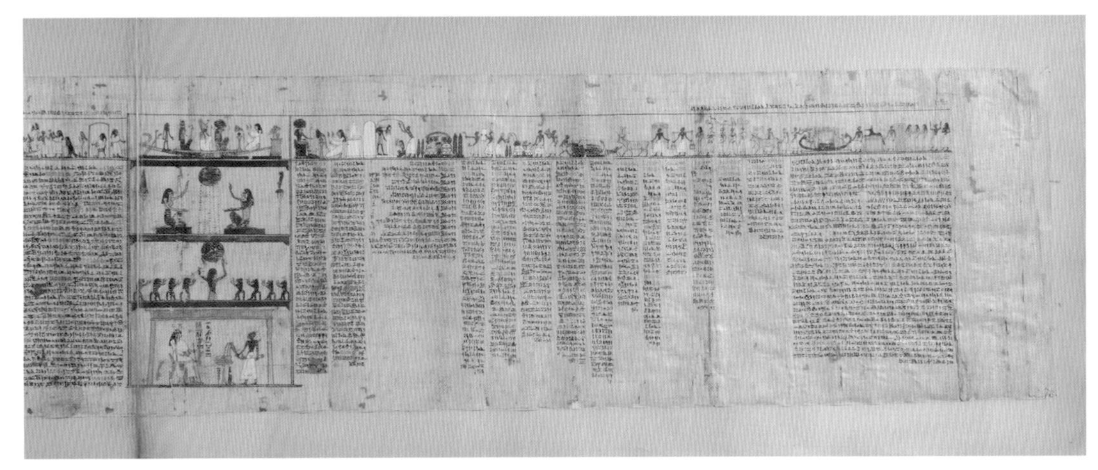

图0-8　都灵埃及博物馆藏品纸莎草纸文书——死者之书局部

地处尼罗河流域的古埃及也是人类文明的发源地之一。埃及人不仅发明了以发音和形状为基础的埃及象形文字，还在他们的浮雕、壁画和纸莎草纸文书中创立了最早的图文混排的格式。其中尤为值得一提的是纸莎草纸文书——死者之书（图0-8），我们可以看到古埃及人以图文并茂的华美版面，来描绘他们对生命和死亡进行崇拜的情感记录。

公元3—6世纪，欧洲大陆逐渐进入了中世纪，这一时期由于宗教传播产生了大量的宗教读物，这些宗教读物服务于皇室教会，品质要求极高。精美的插图与规范的文字混合编排，对文字以及整本书进行华丽烦琐的装饰，形成了当时宗教读物版面设计的基本特征（图0-9）。版式设计的水平在此时取得显著的提高。

随着工业革命的到来，技术革新的浪潮在欧洲迅速蔓延，此时期印刷技术的发明和进步为版式设计带来了翻天覆地的大发展。印刷设备（图0-10）的出现使得印刷效率大幅提升，自动化批量印刷代替了手工印刷，印刷物价格变得低廉，融入了大众的生活，从而具有了广泛的群众基础，对欧洲的出版业起到了极大的促进作用。版式设计也进入了一个全新的时期。

图0-9 1861年欧文·琼斯（Owen Jones）著，伦敦著名出版商Day & Son出版，《来自中世纪的彩色照明艺术手稿——大卫的二十六个诗篇》硬皮精装本

图0-10 19世纪90年代出现的第五型键盘排字机，是当时标准的字体编排机器，在19—20世纪被广泛应用

这一时期新的技术井喷式发展，层出不穷，除了印刷技术外，摄影技术（图0-11、图0-12）的出现也对版式设计的发展产生了重大的影响。摄影技术诞生后很快就成为版式设计中不可或缺的一种技术手段，摄影图像成为继文字和手绘插图之后的又一大视觉要素，一同构成版式信息的核心内容。摄影技术对版式设计的另一个影响是它带来了一项新的排版技术——照相排版技术。这种技术将照片转化为金属板上的网线或者网点。因此这个技术使得类似照片一样的图片能被融入版式设计中。图片的融入大幅度提升了版式设计的吸引力，使版式设计的可读性和审美性进一步增强。然而到了19世纪下半叶，印刷机器批量化、模式化、死板化的特点逐渐显露出来，此时期印刷物的版式日趋暴露出设计水平低劣等弊病。以威廉·莫里斯为代表的艺术设计者希望引起人们对设计的重视，因而发起了工艺美术运动。这一运动注重从传统手工艺与自然形态中借鉴经验，强调版式的装饰性和功能性，采用对称的版式格局来强化朴素庄重的古典主义风格。

图0-11　1889年柯达公司照相机的产品商业广告，这是最早的便携式照相机

图0-12　1983年拍摄的巴黎街景，是历史上第一张城市风貌摄影照片

20世纪以来，美国、德国、日本的版式设计蓬勃发展（图0-13—图0-16）。自19世纪英国工业革命运动时期以来，以版式设计的核心人物威廉姆·莫里斯为开端——从他极力推崇版式设计之美的生活与艺术相融合的设计原则，到表现人类内心情感的德国表现主义版式设计；从20世纪初追求机械动力主义和速度感的意大利未来派版式设计风格到在俄罗斯兴起的具有革新意义并成为现代版式艺术起点的构成主义运动；从强调编辑、排版理性化的包豪斯理念到潜意识关注周围世界的超现实主义设计风格；从流行于法国艺术大师群体中大行其道的新艺术运动到将版式设计原有形式的解体，注入动感的物化新形态版式的创造——现代版式设计不仅可以满足读者便于信息阅读的功能需求，也为大众提供了品味、欣赏、收藏的精神享受。可以说，从这个时候开始，版式设计开始成为具有独立文化艺术价值的实体存在。

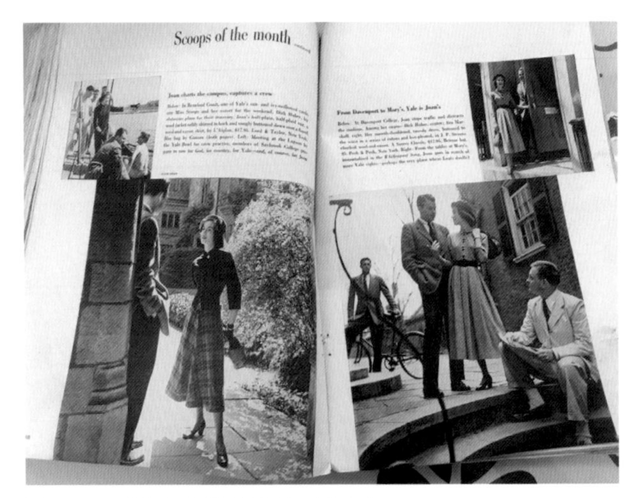

图0-13　20世纪30年代很时髦的时装杂志

图0-14　20世纪海报设计中的版式设计

图0-15　20世纪30年代的宝马摩托车海报

图0-16　*VOGUE*具有复古感的杂志封面设计

20世纪90年代后，服务于设计的计算机辅助技术日趋成熟，开始广泛应用在各个设计领域，计算机的软件与硬件逐渐取代了设计者原先的手工绘图工具。直至今天，广大设计者们已经离不开计算机技术的辅助了。

中国拥有悠久的文化发展历程，版式设计在中国的历史长河中，也获得了长足的进步与发展。从殷墟出土的甲骨文（图0-17、图0-18）到大量刻画在青铜器上的金文（图0-19），我们都可以发现，有一种自上而下、从右到左的浏览模式被确立起来，并由此奠定了汉字版式以后数千年的基本规范，这种规范甚至一直沿用到今天的纵向排列及书写形式中。

图0-17　河南安阳殷墟景区中车马坑中的甲骨文出土文物

图0-18　殷墟甲骨文碑林

图0-19　毛公鼎中的铭文有497字，是现存字数最多的青铜器铭文

图0-20 雕版印刷

图0-21 《本草纲目》的书籍封面与内容排版

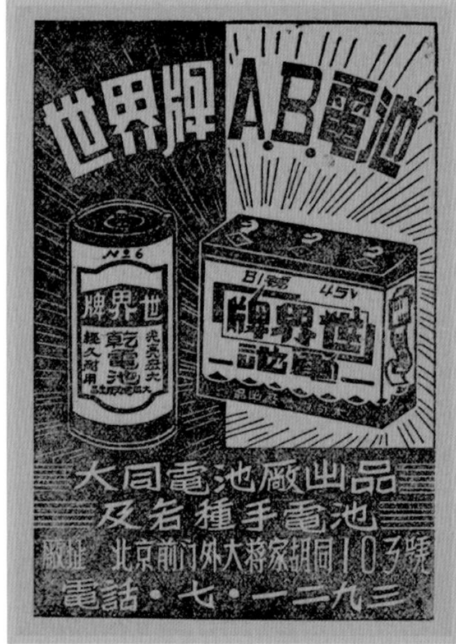

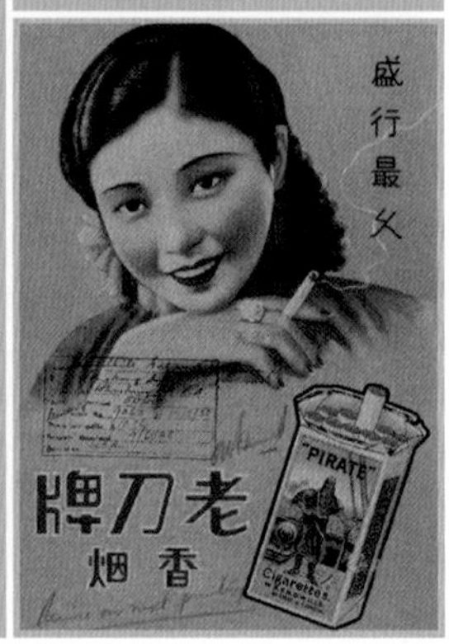

图0-22 民国时期上海的商业海报设计

众所周知，四大发明诞生在我国，其中造纸术和印刷术对版式设计产生了非常深远的影响。早在汉武帝太始四年的文献记载中，我们就可以看到对纸张的相关记录描写。而造纸术的真正普及，要归功于东汉的蔡伦，他在前人的基础上改进了工艺，使用了比较廉价的原料，生产出了能够为百姓和机构广泛运用的书写用纸。这种廉价纸张的出现大大拓宽了文化传播的途径，丰富了文化传承的载体。而更高效和更广泛的传播需求催生了雕版印刷术（图0-20）的出现，又一次为版式设计的发展提供了活力。

宋代后期，印刷术得到了广泛的应用。一些经典的雕版印刷品，如《本草纲目》（图0-21）基本完整地体现了中国书籍版式设计的布局体例。文字、插图与版式的规范已经得到确认，这样的版式设计范式在审美情趣与阅读习惯上有很强的生命力，其一直延续到清朝晚期。1840年后，日本、欧洲的装饰艺术风格和版式设计被引进，使中国原有的悠久版式设计范式与国外版式艺术进行了融合（图0-22）。20世纪70年代末，在改革开放的浪潮中，新的以商业和文化内容为主体的版式设计有了很快的发展，此时期涌现了一大批优秀的设计师和设计作品，奠定了国内本土化现代设计的基础。

3.版式设计的基本原则

在进入版式设计的学习之前，有必要先强调下版式设计的基本原则，明确版式设计的目的和先行原则，以便于后续知识的理解与学习。

在版式设计过程中，如果设计者不顾及版式设计原则，忽略其功能需求和审美需求，随意地编排版面上的视觉元素，而不考虑编排的形式美感和方法，最终所呈现出来的作品效果往往无法让人满意。相反，如果在设计中进行版式设计的时候能够考虑到各方面的因素并遵循一定的版式设计原则（图0-23），那么设计作品将更加容易产生优秀的设计效果，通常版式设计可遵循以下原则。

（1）突出主题原则

在一个设计版面中，往往会有大量的视觉设计元素，设计者想要清晰、明确地表达出设计信息，首先就要明确设计主题和思想内容。版式设计中要突出主题（图0-24），就不能将所有的设计元素处理成一样的平均无层次，需要在色彩或者形式上有所变化。

图0-23 建筑设计作品展示画册中的版式设计

图0-24 日内瓦国际音乐大赛海报和宣传册在版式设计中主要突出参赛音乐家、文字标题，使得设计物主题明确

（2）形式与内容的统一原则

视觉设计大都是为平面信息内容服务的，版式设计从属于视觉设计的范畴，同样需要遵从这一原则，只有达到内容与形式的统一，才能让读者更充分地了解作品所要表达的内容。版式设计要在信息内容的引导下体现其设计风格，并在此基础上使用较为准确又具新鲜感的形态语言，凸显艺术风格以及设计特色（图0-25、图0-26）。

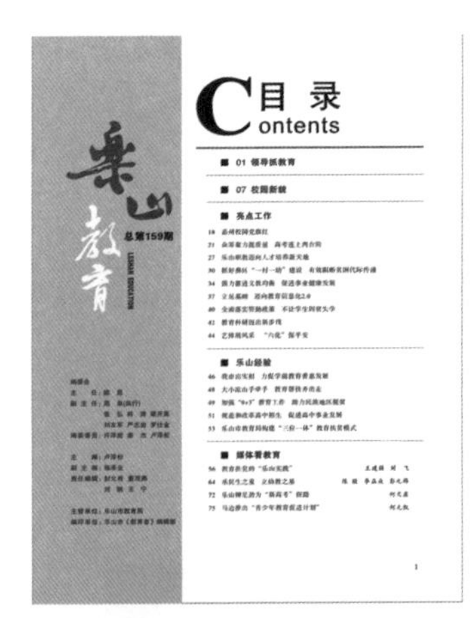

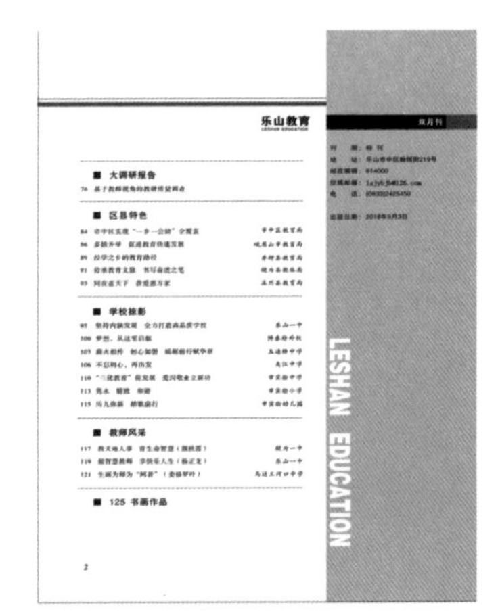

图0-25 教育主题的刊物目录往往根据内容属性，在版式设计中采用较为严肃、规整的编排方式来契合主题

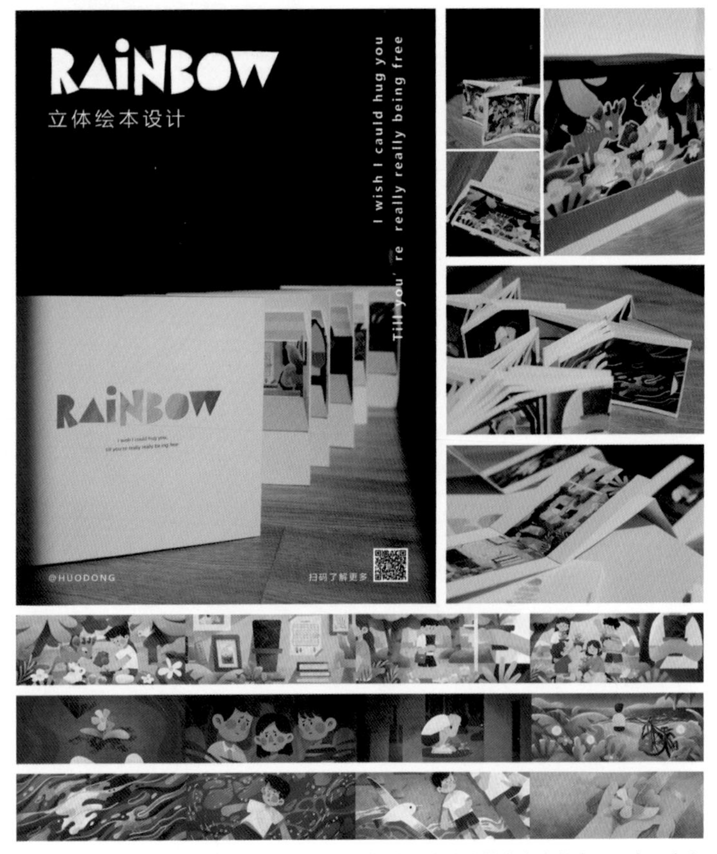

图0-26 儿童类绘本根据故事内容和受众，整体版式的编排自由度较高，具有天真和童趣的感觉，并且主要以图像为主，文字信息较少

（3）整体性与协调性原则

一个成功的版式设计作品必须具有整体性（图0-27），版式设计的整体性强调形式与内容的统一，只讲形式而忽略内容，或者只讲内容而忽略艺术表现，对于版式设计者而言都是不成熟的表现。强化版面的协调性原则即是强调版面的各种编排要素在编排结构及色彩上的关联性。设计者通过版面的文字、图形图案与色彩整体组合及协调性编排，能够使整个版式呈现出令人印象深刻且自然舒适的视觉感受。可以说对于任何一种承载形式的作品，加强整体性后都可获得更良好的视觉效果。

图0-27　家具宣传册在版式设计中采用相同的字体和有规律的排布方式，使整体版式设计整体感强烈

（4）独特性与趣味性原则

独特性原则其实是强调和凸显设计的个性化特征，鲜明的个性是版面视觉效果的重要组成部分。单一常规且同质化严重的版面平平无奇，很难吸引到人们的目光，也难以给人留下深刻的记忆，更谈不上视觉的体验和享受。趣味性原则也是凸显个性化设计的一项行之有效的方法，在具体设计中要敢于出奇制胜、别出心裁，用诙谐幽默的手法消解人们在阅览过程中的疲劳感，增加视觉浏览的愉悦感（图0-28）。在版式设计中多一些个性化设计，少一些同质化设计，才能给受众留下深刻的印象和愉快的观览体验。

图0-28 在版式设计中加入一些趣味性的处理，能够使人耳目一新，加深记忆

第一单元 版式设计的视觉原理

课　　　时：14课时

单元知识点：本单元主要学习内容为版式设计基础元素点、线、面在版式设计中的艺术特质和相关基础理论知识；视觉要素文字、图形图案、色彩的基础介绍以及人们视觉习惯、视觉流程和视觉心理的解析。本单元通过对视觉要素和视觉原理的逐个讲解，帮助学生理解版式设计中视觉要素与视知觉之间的浏览关系，有益于在学习版式设计课程的过程中建立正确的设计观念，培养科学的设计思维。

第一课　版式设计的基础元素——点、线、面

课时：4课时

要点：认识点、线、面的艺术特质，理解点线面在设计范畴的指代关系和作用，能够体会和发掘点、线、面之间的构成美感，提高版式设计中的概括性思维。

图1-1　各个视觉要素通过别出心裁的版式设计，能够产生各种各样的视觉效果

点、线、面是构成所有视觉设计的基本元素，也是版式设计中的基础表达语言。宏观来讲，好的版式设计实际上就是对点、线、面进行有效的编排与良好的经营。不管版面的内容与形式如何复杂且多样，从视觉上都可以将它们归纳和简化到点、线、面元素上来。视觉设计者，都应该学习和具备将客观事物归纳为点、线、面的能力，一个文字符号、一个落款、一个装饰文案都可以理解为一个点；一串文字、一段空白、一条长幅花纹均可理解为一条线；满篇的文字、整版的图案、大幅的空白，则可理解为面。它们相互制约又相互依存，组合出各种各样的形态，构建成一个个千变万化的全新版面（图1-1）。

1.点

在版式设计中，点是视觉中能够被看见和感知的最小形式单元，通常是针对“位置”的表示形式，既没有方向指代也不具有轮廓和大小的界定。点在视觉设计中是一个相对的视觉比较，只有当它与周围其他视觉要素进行对比时才能够判断这个形象是否可以看作“点”。比如对一个树枝而言，上面的一片树叶我们就可以理解为点；但对一片树林而言，一顶树冠也许才能被视为一个点。康定斯基认为，从内在性的角度来看，点是最简洁的形态，也是概括性最强的形体。

同时，点给人的心理感受也是相对的，它是由形状、方向、大小、位置等形式构成的。不同的聚散、排列组合的综合效果，能够给人带来各种不同的心理感受。点可以画龙点睛，和其他视觉设计要素相比，形成画面的中心；也可以和其他形态组合，起着平衡画面轻重，填补一定的空间，点缀和活跃画面气氛的作用；还可以组合起来，成为一种肌理或其他要素，衬托画面主体（图1-2）。

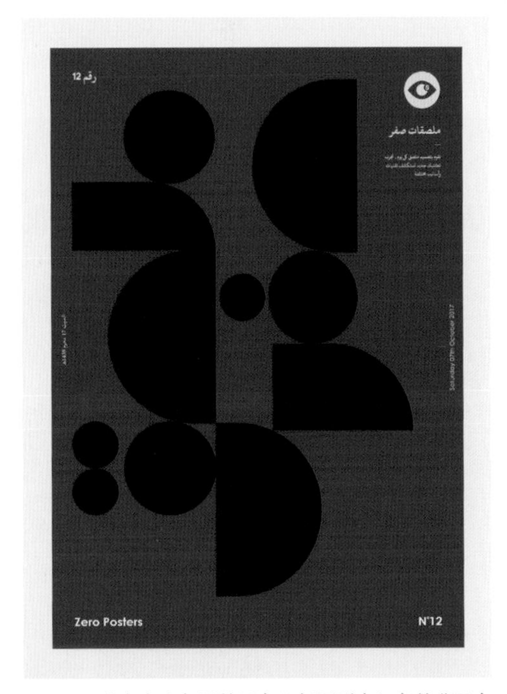

图1-2　形态大小各异的黑色几何图形在红色的背景上呈现出“点”的特点

点由于形态、大小、位置的差别，会产生完全不同的视觉效果，并引起不同的心理感受（图1-3—图1-10）。点的缩小和放大会带来不同的重量感。单独的一个点会成为视觉的重心，起到强调形象的作用，如很多版式设计中就把重要的图像以单独的点的形式处理，置于大范围的空白版面的中心位置，使其成为视觉中心。同时点在空间中占据的不同位置也会引起观众不同的心理反应。悬浮的点和下沉的点所带来的心理感受是截然不同的。所以，在版式设计中要准确地运用点的各种特性为设计服务。点的有序构成能产生律动美感。自由构成的点通过大小、疏密的变化，具有活泼自由的特点。

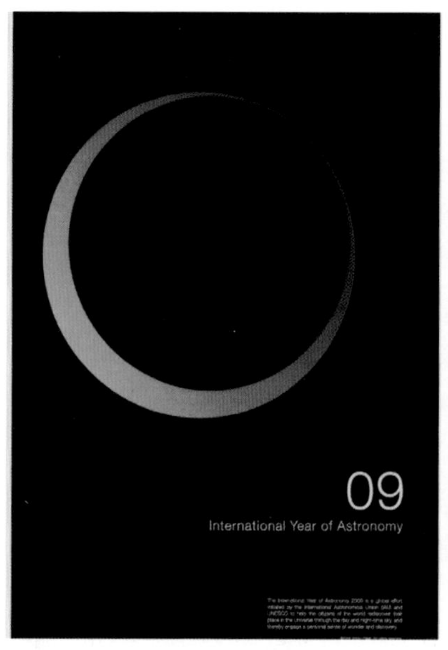

图1-3　独立、位于版面中心且面积较大的“点”能够带来视觉的重量感

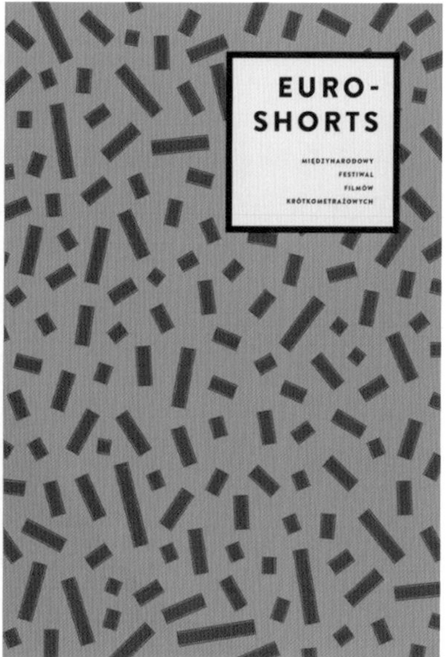

图1-4　平铺、分散的“点”可以填充版面空白，起到丰富版面的作用

图1-5 居中位置的“点”配合鲜艳夺目的色彩能够快速吸引视觉的关注

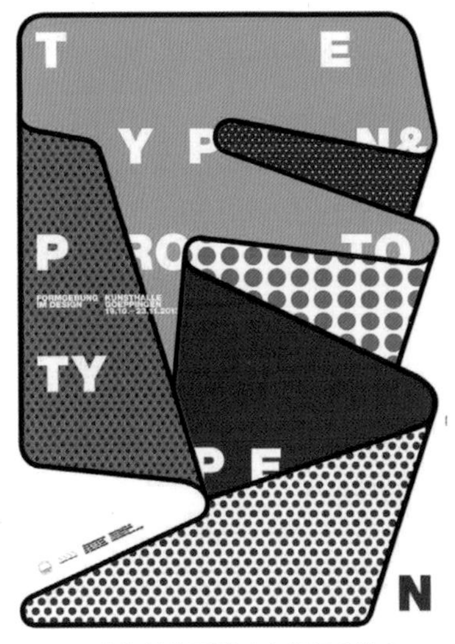

图1-6 点与其他视觉元素的版式搭配

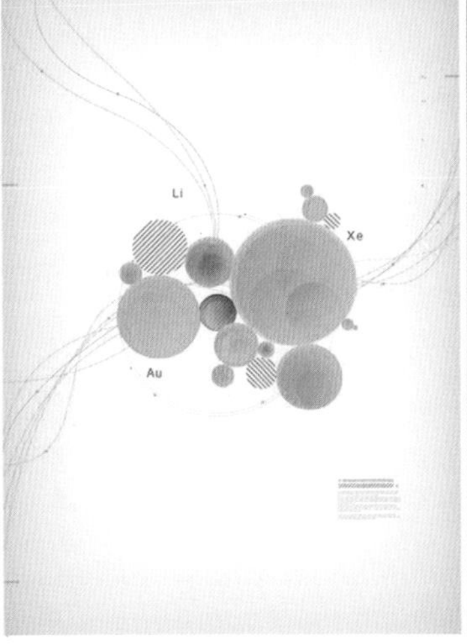

图1-7 不同“点”的编排方式会使版面产生不同的韵律、节奏以及秩序感

图1-8 “点”元素在版式设计中的应用

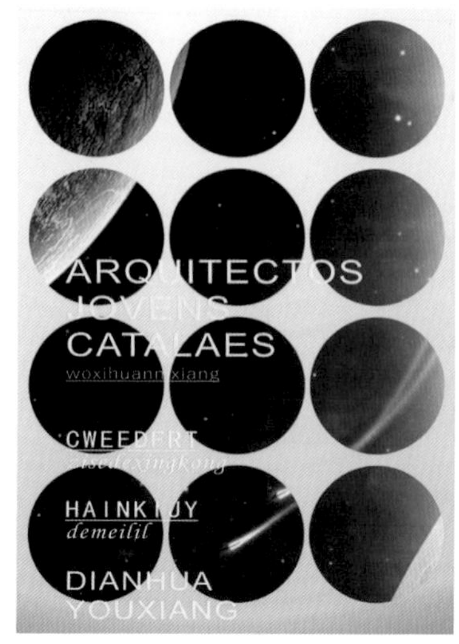

图1-9 编排方式的“点”相同，配合不同的底图也会产生不同的版面效果

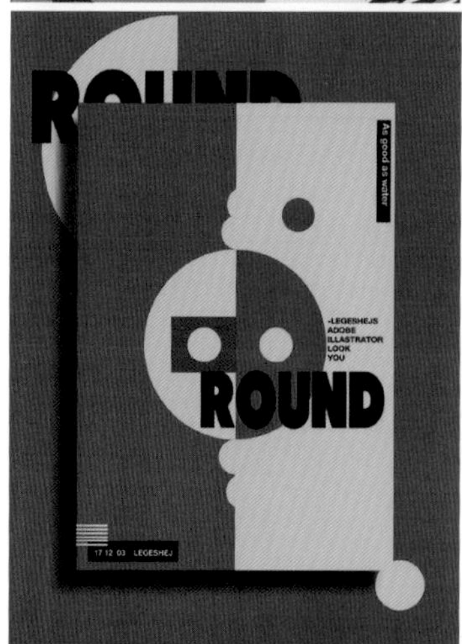

图1-10 融入“点”元素的海报招贴设计

2.线

如果说点是静止的，那么线就是点运动的轨迹。它游离于点和面之间，具有位置、长度、宽度、方向、形状和性格等属性。不同的线有不同的感情性格，线有很强的心理暗示作用。直线刚强有力量，曲线柔和并且性感（图1-11）。不同方向的线条和不同的排列方式也对用户起了不同的引导作用。

线可以大致分为直线和曲线。直线分为水平直线、垂直直线、倾斜直线；曲线分为几何曲线和自由曲线。版式设计中，可以根据设计需要将线处理为实线、虚线、硬边线、柔边线等多种样式，线在编排设计中具有多样性。在许多应用性的设计中，文字构成的线，往往占据着画面的主要位置，成为设计者处理的主要对象。线也可以构成各种装饰要素，以及各种形态的外轮廓，它们起着界定、分隔画面各种形象的作用。作为设计元素，线在设计中的影响力大于点。线要求在视觉上占有更大的空间，它们的延伸带来了一种动势，可以串联各种视觉要素，可以分割画面和图像文字，可以使画面充满动感，也可以最大限度地稳定画面（图1-12—图1-15）。

图1-11　缓和的曲线具有舒缓柔和的视觉感受

图1-12　具有明确指向性的线能够带来视觉的方向感和空间感

图1-13　平直排列的线条能够产生较强的秩序感和规整感

图1-14　不同线条元素在版式设计中的应用效果

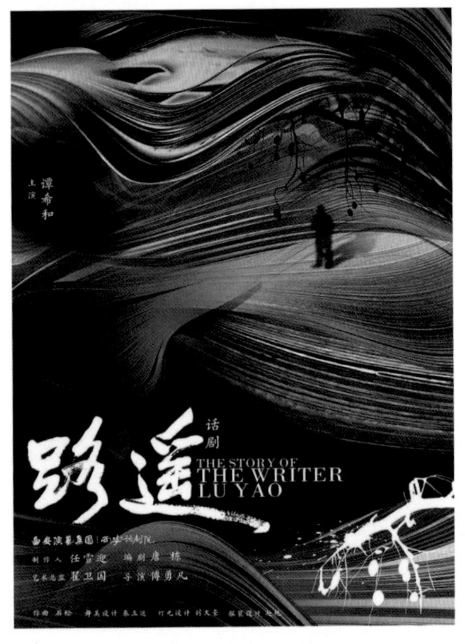

图1-15　具有强烈线条张力感的海报设计

3.面

面在版式设计的基础视觉元素中是最为宽泛和概括的一种存在，因为面在版面中占有的面积最多，所以在视觉感知方面要比点和线更加强烈和直观。面在形状层面上来看，可以分为规则形和自然形两大类，在信息层面上来看又可以分为具象形和抽象形两大类。因此，在排版设计时要注重面与面之间的相互关系，只有将面的排布做到整体与和谐，才能产生具有美感的视觉形式。在具体的排版设计中，面的表现也涵盖了各种色彩、肌理等方面的变化，同时面的形状和轮廓对视觉也有着较为重要的影响，灵活地运用面的变化关系会使整体的版面效果产生极大的丰富性（图1-16、图1-17）。

点、线、面在版式设计中互相依存，你中有我，我中有你，在版面设计中具有非常丰富的转化空间，为形式各异的设计风格提供了无限的可能性。我们在进行版面设计的时候应当正确将点、线、面相结合，并遵循一定的原则以达到版面的整体统一。总之，在版式设计中，将点、线、面元素各自独特的一面展现出来，能够大幅度地提升设计的内涵和意境。当然，我们也不能只依靠点、线、面元素来进行版式设计，毕竟在版面中，文字图形以及色彩才是信息传递的主要介质，在理解点线面的特质之后，应将文字、图形等视觉要素理解为点、线、面形式，互相衬托和谐共处。这样，通过点、线、面的构成形式才能拓展出版式设计的发挥空间，赋予作品更深层次的文化内涵。同时，在具体的设计实践中不断地挖掘探索，不断发现点、线、面潜藏的艺术表现力和感染力。

图1-16　“面”元素为主的版式设计

图1-17　抽象面元素与具象面元素（花）在版面设计中的应用

第二课 版式设计的视觉要素

课时：6课时

要点：理解文字、图形图案、色彩在版式设计中的作用，掌握其在版式设计中的特质特点以及注意事项，明晰文字、图形、色彩在版面设计中的联系和制约。

文字、图形图案以及色彩是版式设计中最为常见的视觉要素，它们构成了版式设计的主体，在版面中发挥着各自的功能和作用。

1.版式设计中的文字

在版式设计中，文字既是语言信息的载体，又是具有视觉识别特征的符号系统，它不仅可以表达概念，同时也可以通过浏览阅读的方式传达情感。文字作为语言的基础识别符号，能够传达出海量的信息和细腻的心理活动，而这些或细腻或严谨或感性的信息内容是图形图像难以精准表达的，比如小说的情节描述、新闻的纪实叙述、诗歌的情感抒发、礼乐的规制说明等。文字作为视觉传达最基础和最直接的方式，除了具有识别性之外，也具有形象上的视觉观感，比如书法字体给人历史感、容易营造中式传统氛围，带衬线的罗马字体容易营造西方古典风格，横平竖直较为规范的字体容易营造现代感和纪实感等。不同的字体有不同的性格情感倾向，不同文字的编排组合，也会带来不同的浏览效果和视觉感受。

（1）文字的功能

文字在版式设计中的主要功能就是语言的可视化传达，满足这种信息传达往往需要大篇幅的文字群，这就要求文字的整体形象能给阅读者构建一个良好的视觉印象和清晰的浏览路径。因此在对文字内容进行编排时，要做到易认易懂，一目了然，从而更高效地传达设计意图、表达设计的主题和构想。合理利用文字变化进行编排布局会使设计版面整体效果强烈、直观，文字大小变化和对比也使得版面具有节奏感。在对文字编排时要依附于版式设计的整体风格特征，不能和整个作品的风格特征相脱离，更不能相冲突，否则就会破坏版面的整体编排效果。在文字编排中还要尽量选择清晰和辨识度高的文字，避免给阅览者增加阅读难度，使其对阅览内容产生反感和厌烦。一般来说，文字的风格类型大约可分为端庄秀丽、格调高雅、华丽高贵、坚固挺拔、简洁爽朗、现代简约、深沉厚重、庄严雄伟、欢快轻盈、跳跃明快、朴素无华等，具体应用哪种风格的文字，设计时应根据情况而定（图1-18、图1-19）。

文字在版式设计中除了有效传达信息之外，还具有表达情感的功能，所以要求字体符号本身需要具备视觉上的美感，能够给人带来美的享受。具有设计感的字形和巧妙的组合搭配往往能让人感到愉快，从而留下好的印象，能更有效地吸引观众的注意力（图1-20）。

图1-18　字体相同粗细不同会在版式设计中产生不同的应用效果

图1-19　根据内容的不同在版式设计中需要选用不同风格的字体

图1-20　优美的字体搭配精美的图像容易营造出精致的设计质感

（2）字体的选择

图1-21　文字信息的字形、大小、编排位置能够使版面内容的主次关系明确清晰

文字字体的选择是文字编排中非常重要的一个步骤，设计者不能只把文字看作语言的信息载体，还要将字体看作一种独立的艺术符号和形式，并对其进行艺术美化的再设计，使其符合设计者的情感意识。因此，把握字体的选择对文字的整体编排具有非常重要的意义。不同的字体具有不同的造型特点和艺术气质，有的字体苍劲有力，有的娟秀清雅，有的则端正严谨。在选择字体时，需要从设计物的整体风格、整体内容、阅读要求等方面来综合进行把握和判断，选择出最适合的字体形式。

在文本内容中，通常会有标题、正文内容、备注或附属文字三个主次层级，而标题作为第一层级，在视觉中需要第一个被关注，所以标题文字一般会选用比较简洁、醒目、厚重的字体，比如黑体或者将现代字体进行加粗处理等，字号也相对加大。而正文内容则比较多地选择如宋体等较为清新、秀雅、便于阅读的字体，字号适中。备注或者附属信息作为第三层级的信息，在视觉上排序在最末端，往往最小，个性化处理的空间较大，在字体字形上可以有更加宽泛的艺术选择。这种在字体选择上的差异往往使文字呈现出一种对比的样貌，更加凸显内容主次和设计特色（图1-21）。同时字体也是一种符号设计，它的搭配使用是非常重要的。这种搭配的选择往往能够体现出设计者的审美水平和设计主张。现如今中文字体样式繁多，在追求字体变化的同时也要注意整体文字篇幅的统一性，一般选择两三种文字样式为宜，避免文字呈现出零散、混乱、设计风格模糊等问题。

（3）字距与行距的调适

在版式设计中，对文字信息进行字距与行距的调适是版式中最常见的设计问题。字距、行距的选择通常也是依靠设计者的直觉和自我感受，是设计者对编排设计的一种心理感受的表达，同时也能够很好地体现出设计者的审美水平。

从功能角度来说，版式设计中对字距、行距的把握，是为了方便阅读，减轻视觉压力和疲劳感。字距行距必须适当，过窄会显得信息过于密集，在阅读时容易读错行或者盯错字；过宽会降低文字的连贯性和延伸性，对版面也存在一定的设计干扰。

而从设计的角度来说，字距、行距对版式设计也具有一定的装饰作用，设计者有意识地对字距、行距进行调整，能够更加凸显内容的主体性。例如，较宽的行距能够使内容表现得更加活跃、轻松、现代感较强，使版式的整体效果具有高级感。较窄的行距则更加注重信息本身，常给人严谨、朴素、权威的视觉感受。总之，设计者通过对行距的精心安排，能够增强内容的层次性，使整个版式的自由度更高，体现出不一样的版式特性。

（4）文字的整体编排

文字的编排除了要把握字体、距离等各个细节的处理之外，还必须注重文字内容的整体编排，各个段落内容一定要满足和符合整体编排需求。从全局出发，文字信息需要设计者有意识地划分出清晰的信息层级和主次关系，主次混乱、本末倒置的编排顺序会对阅读质量造成巨大的伤害。段落文字过于凸显也会打乱版式设计的整体布局，在一定程度上影响整体设计氛围，如果版式整体编排氛围被破坏，无论依靠怎样的细节处理和精细编排也无法改善整体版式的编排品质。而整体编排在一定程度上又必须依靠对各个细节的处理，有时候一个细小的图形符号设计或者像素清晰度的提升都能够影响整个版式设计的风格和品质。因此，在进行文字编排时，首先要对文字信息进行群组编排，将文字内容组成一个层次鲜明、主次清晰的整体框架，然后按照浏览的逻辑顺序进行段落的分割，使其在保持文字完整性的同时，又能突出个性特征，使其具有更好的条理性（图1-22）。

图1-22　不同的整体文字编排会形成不同的版面设计风格

最后，需要对单个文字进行细节优化，把文字视作艺术符号来处理，在整体性中加强文字的形式美感。比如一个文字就是一个点，一排文字就是一条线，段落文字组合在一起就成了一个面。在版式设计上，文字的细节优化和艺术性处理能够画龙点睛，在整体的版式框架内彰显个性，这会使版式更生动更具张力。

2.版式设计中的图形图像

除了文字，图形图像也是版式设计中非常重要的视觉要素之一，图形图案不同于文字，它所传达的信息虽不及文字具体、细腻，但是却非常直观，具有强烈的视觉冲击力和感染力（图1-23）。在当下这个读图的时代，最容易被观者接受和喜爱。图形图案的设计处理也是体现版式设计者艺术素质的关键点。而版式设计中图形图案的质量、形式及编排，也直接影响文字的编排和整体的设计效果，可以说图形图像是最能够凸显版式设计整体样貌的视觉要素，所以处理好图片及编排是非常重要的。

（1）图形图像的形式

版式设计在计算机技术的加持下，其设计手法变得灵活多样，图形图像的表现形式也变得非常丰富。

①矩形图片

矩形图片（图1-24）是在图形或者图片的形状上做的界定，是指图像画面被直线方框切割形成的图形，当下的摄影摄像机、电子扫描仪、印刷机等设备输出的都是矩形图像和图片，这种方正的图片便于各种形式的组合排列，是版式设计中最为常用的一种类型。矩形图片重心稳定，重力均衡，常给人一种庄重、简洁、大方的视觉感受，因此矩形图片能够与文字搭配出较好的版式效果。

图1-23　图形图像在版式中具有极强的视觉辨识度

图1-24　矩形图片是版式设计中最常见的图片类型

②出血式图片

出血是印刷行业的专业术语，在印刷中存在出血线，也就是版面的最大印刷和裁切范围，出血式图片（图1-25）就是图片占满整个版面的最大范围，在版面的四周甚至不存在预留的空白边框的一种图片形式，在版式设计中也被称为“满版”，这种图片形式通常能够给人一种版面四周不断扩张的视觉感受，让人联想到画面外还有其他的内容。

图1-25　右边页为占满整个版面的出血式图片

③褪底图片

褪底图片（图1-26）是一种经过后期设计处理的图片，此类图片相当于我们常说的“抠图”，是保留图片需要的主体部分，将不需要的部分进行消除，并以透明而非白色的图底来进行替代，此类图片在设计中主要以TGA、PNG、GIF 等图片格式为主。这类图片往往具有不规则的形状，在版式设计应用时比较自由灵活，能更加和谐地与整个版面的编排元素相结合，容易使整体版面具有活跃性和节奏性，也更加容易突出图片的主题。

④背景图与异形图

背景图片（图1-27）也是经过电脑后期处理的一类图片，这种类型的图片在版式设计中通常用来作为底图充当背景，衬托主体文字图案，点缀和丰富整体版式效果的，所以这类图片往往不具备较为明确的主题内容和抢眼的造型或色彩，多给人低调、浅淡的视觉感受。而异形图（图1-28）多是由一些与创作意图相关的图片经过修饰、组合后形成的图片，此类图片在形状上不拘一格，在版面排布中也相对自由灵活。

图1-26　消除图底，进行抠图处理的图形类型称为褪底图片，这两个版面中的人物形象就是采用了褪底图片的形式

图1-27　淡色的光圈在不干扰文字信息的前提下能够丰富版面，有这种效果和作用的图称为背景图

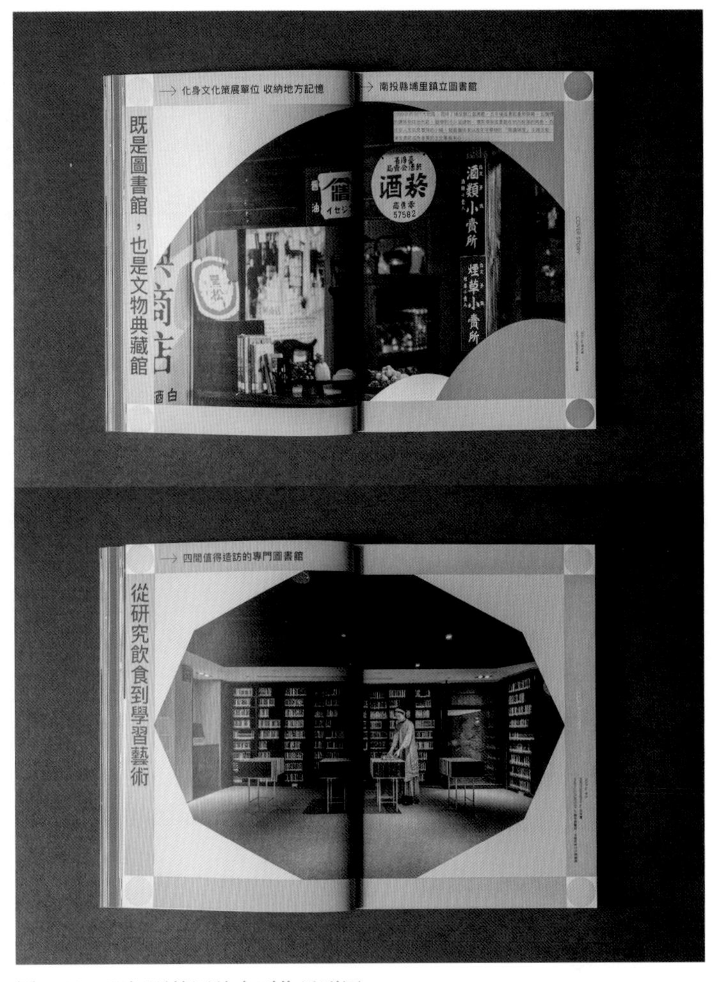

图1-28　不规则的图片也叫作异形图

（2）具象图形与抽象图形

图形图像在信息的识别性上可以分为具象图形和抽象图形两大类（图1-29）。具象图形最大的特点在于真实反映物象的状态，释放明确的图像信号。在以人物、动物、植物或自然风貌为元素的造型中，通过写实与装饰的结合，能够给人具体、清晰、真实、生动的视觉感受，使版式构成和版面主题内容一目了然，常常被应用到招贴广告、书籍杂志等印刷媒体中。而抽象图形以简洁单纯而又鲜明的特征为主要特色。它主要是由几何形的点、线、面以及圆、方、角等形态来进行构建，是物象的高度概括与提炼。虽然此类图形不具备具体信息的表达和传播，但是它能够利用艺术化的形式语言来营造出一种意境之美，为读者提供联想、品味、拓展的创想空间。抽象图形相较具象图形而言，其视觉美感在版式设计中更加容易把握，但是抽象图形的视觉美感是由形态转化到精神层面的高度审美，所以对设计者的设计要求更高，需要设计者修养有素，苦心构思并有艺术技巧才能获得成功。在现代版式设计中，个性化设计的趋势使得抽象图形的应用前景也越发广阔和深远，利用抽象图形所构成的版面也更具时代特色。

图1-29　具象图形与抽象图形

（3）图形图像的整体编排

在学习图形图像的整体编排之前，我们要先了解一个概念，就是版面率。版面率很好理解，就是一个既定版面内所含文字和图形图像相对于整个版面面积的比率。图版率越低，代表版面内文字图形内容越少，相对版面阅读性也就越低，大量的空白使得版面整体较为简洁，现代感较强，而版面率高的版面则相反。

在一个既定版面中，图形图案的视觉张力要远强于文字信息，在版面中会很容易成为信息主体和视觉中心。如果版面中只出现一张图形，则容易起到突出内容、安定页面、集中视线的作用。当版面出现多张图的时候，会产生视觉的牵引，这个时候需要注意多幅画面的主次关系以及图形的大小和整体布局的处理，以确保形式与内容的和谐统一。具有多张图的版式设计可以运用较为自由的编排方法，使版面更加自由灵活。处理好多幅图像的主次关系能够增强版面的生动性和观赏性。当然，图形图像并不是越多越好，其数量的多少需要根据具体编排内容而定。

在版式设计中，除了图形图像的数量问题外，还要格外注意图形的尺寸与面积问题。这些问题直接影响整个版面的视觉传达效果和整体设计品质。在一般情况下，版面图形越大越引人注目，感染力越强，图形越小则感染力越弱。大幅面图形通常用来表现细节，如风景、器物、人物形象以及某个对象的局部特写等，这些图像能够将信息内容迅速展现在观者眼前，并且释放出强烈的视觉冲击力，使其与人产生愉悦感和亲近感。小幅面的图形更加适合与文字信息相组合，在插入文字群中会显得版面简洁而精致，有点缀和呼应版面主题的作用。但是就图像本身而言，也会产生拘谨、非重要的阅读感受。在具体设计中为了突出主要信息，设计者要刻意地将主要图形放大，缩小次要图形，这样才能形成主次分明的版面布局（图1-30）。

对于图像编排还需要注意的就是版面的结构组织问题。首先要说的就是四角与中轴四点的版式结构。该结构由页面的四个角、对角线、中轴四点以及水平与垂直的中轴线构成，具有支配页面结构的作用。四角是页面边界相交形成的四个点，把四角连接起来的斜线即为对角线，交叉点为页面的中心，中轴四点指经过页面中心的垂直线和水平线的端点。这四个点可上、下、左、右移动。四角与中轴四点结构的不同组合与变化，可以形成多样的页面结构。在排版时抓住这八个点，可以突出版面的形式美感，同时版面设计、视觉流程的规划也可以得到相应简化。

其次是块状组合结构（图1-31），块状组合，即通过水平线、垂直线将版面进行分割，将多幅图片在页面上整齐有序地排列成块状。这种结构具有强烈的稳定性和秩序美感。多幅图像相互自由叠置或分类叠置从而构成的块状组合，具有轻快、活泼的特征，增加了版面的空间层次，同时也不失整体感。

最后是散点式组合结构（图1-32），该结构脱离了特定的框架结构，将图形分散排列在页面的各个部位，设计发挥的空间很大，给人以自由、轻快的视觉。采用这种排版方式时应该注意图形的大小、主次，以及矩形图、褪底图和出血图的配合，同时还应考虑疏密、均衡、视觉流程等，如果处理不好，也容易产生主次不清、视觉混乱的不良效果。

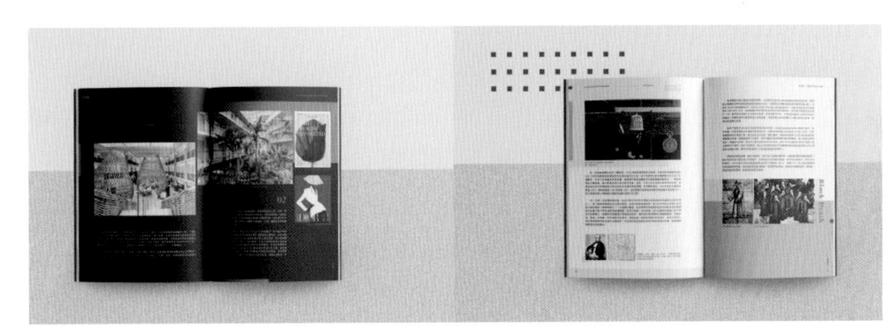

图1-30　在版面中有多幅图的时候要注意图片大小和主次关系的设计

图1-31　块状组合结构的版面布局

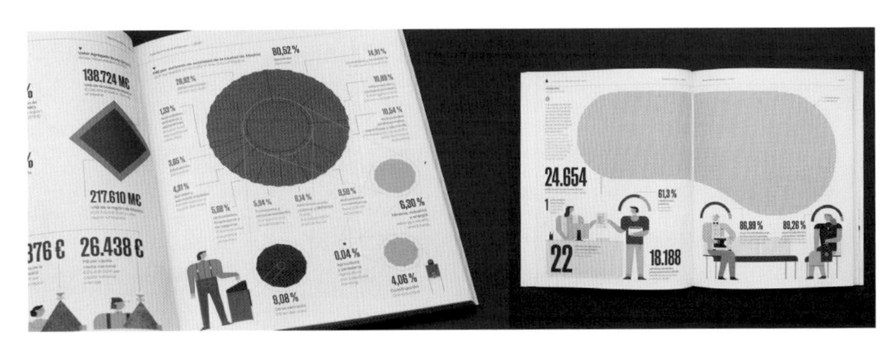

图1-32　散点式组合结构的版面布局

3.版式设计中的色彩

人的视觉对色彩的感知要远强于对形状轮廓的感知，所以色彩给人视觉上造成的冲击力是最为直接和迅速的。色彩在版式设计中的作用是字体与图像等其他要素无法替代的。由于对色彩的识别是人类一种最本能、最普遍的感知，它对观看者的影响最为直接。在版式设计中需要最先考虑读者在阅览时最初一瞬间的色彩感觉，通过丰富的色彩牢牢地捕捉住他们的眼光，从而达到引起关注的目的，使设计的图例、照片、字体与空间等关系与色彩一起变成一种视觉化、形象化的语言，从而达到视觉传达的目的。

（1）色彩三要素

面对版式设计中的色彩问题，设计者往往要先从色彩的明度、纯度、色相这三大要素开始。一种颜色具有的亮度和暗度被称为明度，它其实代表一种黑白关系。比如我们把颜色进行去色，能够很直观地看到它们在黑白效果上存在的差异。计算明度的基准是灰度测试卡，黑色数值为0，白色数值为10，在0~10之间等间隔地排列出了9个分层。色彩也分为有彩色和无彩色，无彩色即黑色与白色，在印刷中，黑色与白色是不属于具体颜色分类的；而有彩色则是具有颜色倾向的色彩，每种色彩各自的亮度和暗度在灰度测试卡上都具有相应的位置值。彩度高的色对明度有很大的影响，不太容易辨别。在明亮的地方鉴别色的明度比较容易，在暗的地方就难以鉴别。

颜色鲜艳或鲜明的程度被称为色彩纯度。有彩色的各种色都具有彩度值，无彩色的色的彩度值为0，对于有彩色的纯度高低，区别方法是根据目标色彩中含有灰色的程度来计算的。纯度由于色相的不同而不同，而且即使是相同的色相，因为明度的变化，纯度也会随之发生变化（图1-33）。

色相指的是颜色的色彩倾向，色相的基准参照是色环。在色相环上排列的色是纯度高的色彩，被称为纯色。这些色在环上的位置是根据视觉和感觉的相等间隔来进行安排的。用类似的方法还可以再分出差别细微的多种色来。在色相环上，与环中心对称，并在180度的位置两端的色被称为互补色。

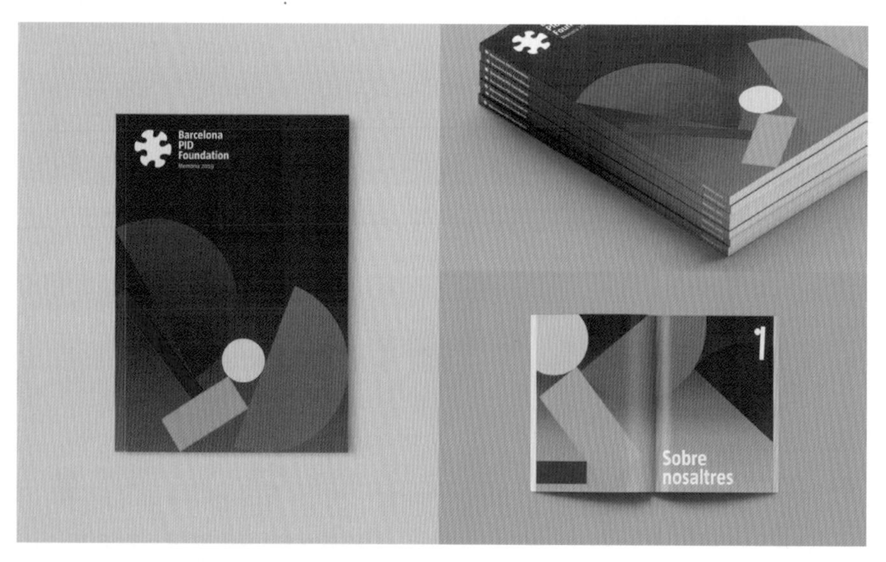

图1-33　版式设计中高纯度的色彩应用

（2）色调

色调是指视觉对色彩判断的基本倾向和整体印象，它是明度、色相、纯度等要素综合作用的结果。就版式设计而言，版面应该具有鲜明的个性特点和主色调，色调也应该根据版面的定位、信息内容以及设计主张等来确定，形成个性化风格（图1-34）。例如，一本杂志的版式设计，主色调应占版面颜色的一半以上。杂志版面一旦有了自己的色彩基调，就会影响读者的阅读心理和品牌印象，使读者一看到这种颜色就会想到这种杂志。例如，《读者》杂志封面在色彩的运用上往往采用大幅面的图形，形成图片幅面大、主色调统一的特点，配合版式设计的一致性，形成自己特有的艺术风格。而艺术与设计杂志则以浅色调为主，主要凸显时下较为流行的设计画面，使整个版面显得清新典雅，富有很强的现代美感。当然，色调的应用并不是千篇一律的，而是应该在某种色调的范围内配上相邻色系的颜色，形成和谐、统一的色彩基调。

（3）色彩的情感

任何一种色彩对于人们来讲都包含了一定的情感意义，色彩的情感意义往往同观念、情绪、想象与意境等相联系，并形成一种特定的心理知觉，这就是色彩心理。比如红色的因素会让观察者情绪波动较大，而蓝色则让人的情绪更加放松而沉静，红色代表着热情，蓝色代表着理性，绿色代表天然和健康等。在进行版式设计时，要善于通过色彩的应用来刺激人们，触发他们的心理情感（图1-35）。设计者只有主动、自觉地选择具有针对性的色彩与所传递的主题相结合，才有利于读者对设计的接受与共鸣。

图1-34　统一为橙黄色调的杂志设计

图1-35　绿色应用在果蔬食品相关的设计中，能够给人健康、新鲜的心理感受

（4）色彩的象征性

色彩除了会产生人的心理情感，还具有一定的象征性。人们通过与自然界和社会的不断接触，逐渐形成对色彩意义的衍生和理解，并伴随着联想，加深对客观世界的认识。比如在国内，红色是非常特殊且意义非凡的一种色彩，可以代表中国，代表党和革命精神，所以衍生出了“红色文化”“红色事迹”“中国红”等词汇，这些词汇不需要言语的赘述，每一个中国人都能够在这种色彩的象征性中解读其文化内涵和精神。所以借助色彩的象征性，通过色彩心理传递设计内涵，是版面设计中关于色彩选择与取舍的重要环节。限定版面内容的属性，增强感染力。

在版式设计中，色彩的应用常常是不同色相、不同明度颜色的组合集成。这些色彩的组合需要在丰富中又保持统一，才能形成整体的色调。大量的版式设计作品都是以色调组合的方式进行的，其色彩的表现力总是建立在色彩的面积及明度、色相的倾向与纯度的综合关系上。这种色彩要素及其关系的每一种变化，都可能给人带来不一样的视觉感受。

第三课　版式设计中的视觉关系

课时： 4课时

要点： 了解常规的视觉浏览习惯、浏览顺序以及视觉心理层面的相关知识内容，理解版式设计编排意图与视觉原理之间的关系；掌握以视觉浏览为导向的版式设计的方式方法。

版式设计是视觉传达设计中的重要组成部分，由于版式设计是依赖人的视觉浏览进行信息传播的，因此为了确保图文信息能够准确、快速、连贯地被观者获取到，就必须采用科学、合理的方法进行版式设计，从而提升视觉浏览质量，强化信息传递的功能。版式设计中的视觉关系主要包括视觉习惯、视觉流程、视觉心理三个方面。为了更好地满足消费者的需求，提升设计品质，设计者必须了解版式设计中的视觉关系，从而更好地展现出设计意图和想要传达的内容。

1.视觉习惯

人们的日常行为，很多都是习惯性的，视觉也不例外，视觉习惯实际是大脑形成的一种经验惯性。我们在进行版式设计时，需要重视浏览者的视觉习惯，建立起版面编排布局与视觉习惯之间的联系，为阅读者扫清阅读障碍，使阅读过程变得轻松，甚至能够跟随设计者的引导进行信息的搜集和阅读，保证将设计当中的信息内容以最高的质量传递给观察者。

在版式设计中，通过文字、图形图案以及色彩的有序安排，在充分考虑人的视觉特征的基础上，增强艺术感染力和形式美感，让浏览者的目光迅速集中到版式作品上来，并且通过观察流程的引导，进行信息的获取和筛选，从而理解设计的意义和内涵。

人的视觉习惯既有惯性特征同时也具有主动性特征。惯性特征来源于浏览者自小养成的既定习惯，比如现代人在文字的书写和阅读中，习惯了自左到右、自上到下的既定模式（图1-36），而中国古人的书写模式则是自上到下、自右到左的。落款信息也是习惯性摆放在版面空间的右下角位置等。而视觉的主动性特征来源于对视觉信息进行主动查询的过程。在对信息需求的驱动之下，浏览者按照既定的视觉规律进行信息的观察，最后寻找到最终的关注焦点。视觉的主动性特征一般遵循从大到小和从有色彩到无色彩的习惯。同时人们在观察画面的过程中根据需求进行信息的筛选，在同一个视域内，视觉往往会优先选择那些差异性较大和对视觉刺激较强的信息，比如鲜艳的色彩，或者形成巨大差异的图案和形状。

图1-36　不管国内外，绝大部分的版式设计都会沿用自左到右、自上到下的视觉浏览习惯

2.视觉流程

视觉流程是版面空间中的一种视觉动线，是视觉焦点在版面内容中进行活动的运动轨迹。视觉流程是由视觉原理和视觉习惯催动的，设计者需要在遵循特有的视觉规律的基础上，通过对版式内容进行刻意编排和布局，引导读者视线有计划地进入一个组织有序、层次分明、条理清晰、迅速流畅、轻松愉快的阅读过程，从而方便读者快速、顺畅获取阅读内容和理解版面的核心信息，最大限度地体现和提升版面的视觉传达效应。

（1）视觉流程的基本原则

在版式设计的编排中，视觉流程的设计和制定需要遵循三个基本原则。首先是在内容编排上要符合信息的逻辑性，合理的视觉流程应该符合人们认知的心理顺序和思维发展的逻辑顺序，做到自然、合理、畅快并且兼具创意性的表达。其次是要保证浏览信息的可读性，成功的视觉流程，版面上各个视觉要素在一定的限度内要确保具有较强的辨识度。编排设计要严格把握各要素的间隙大小的节奏感并且兼顾艺术美感，使设计版面具有强烈的可视强度和丰富的视觉效果。最后还要有明确的战略性，成功的视觉流程，须与版面内容的内涵相一致。设计者通过既定的设计内容和要求来确立版式设计的整体构想，形成高适配度和具有鲜明特点的构成形式，这项原则在现代创意广告的版式设计中尤为重要。

（2）视觉流程的设计步骤

一个完整的视觉流程设计的基本步骤大致可以被分为视线捕捉、信息传达、印象留存三个环节，它们环环相扣，不可分离。

视线捕捉是视觉流程设计要注意的第一个环节，它是人们浏览版面内容时所形成的第一视觉感受。版面中呈现的强烈色彩、新奇形态、夸张的造型等视觉元素在最初的时间段里刺激读者的视觉，使读者瞬间产生关注，这种视觉过程就是视线捕捉（图1-37）。用于发挥这种作用的视觉要素被称为视线捕捉物，视线捕捉物在视觉上要做到入目、注目和悦目。它可以是图形、文字、色彩，也可以是某种构成形式或特殊的效果等，视线捕捉是一种非主动注意的心理现象，因此设计时要抓住视觉信息的重点，并选准最佳视域区，切忌主次不分或片面追求艺术效果。

版式设计的第二个环节则是信息传达，当浏览者的注意力被吸引之后，就会自然产生进一步了解内容的需求。这个时候就需要版面中具体的文字、图形、色彩等视觉要素进行信息的传达。在这一环节中，设计者需要版面布置来引导浏览者先看什么，后看什么，并且依据战略性内涵，对视觉信息进行严谨的功能处理和编排组织，进而实现信息简明、流程简化、传达迅速、易识易读易记的目的。

最后一个环节则是对印象的留存，在版式设计中，一般在视觉流程的终端，需要将最主要和最重要的信息进行着重的设计处理，这种重要的信息可以是文字也可以是图形，可以独立进行设计装饰，也可以同其他视觉元素相结合，产生信息的回味效应，加深浏览者的印象（图1-38）。比如在平面广告中对广告语和企业标志的强调，在娱乐杂志中对某位明星照片的趣味化处理。总之，让浏览者愉快地进行阅读并且能够对内容记忆犹新是制定视觉流程追求的终极目标。

图1-37　鲜艳的色彩和富有张力的图案能够吸引大众的视线

图1-38　符合视觉流程的版式设计主次分明，方便浏览，易于视觉的识别

（3）视觉流程的表现形式

科学合理的视觉流程设计能够激发读者的阅读兴趣，引导读者的视线按照设计者的意图，合理、快捷、有效地获取最佳印象，以实现视觉传达的目的。视觉流程具有强烈的方向关系和空间关系，强调视觉的惯性和思维的逻辑性，注重版面信息内容的清晰脉络，正如一条线贯穿整个版面，使得版面信息拥有了运动趋势和主题旋律。

①单向视觉流程

单向视觉流程（图1-39）是读者最习以为常的视觉形式，这种形式具有强烈的主次与先后次序，在单向视觉流程包括横线流程、竖线流程、曲线流程以及斜线流程。其中横线、竖线和斜线流程代表了视线轨迹的方向性，信息传达简洁直接。而曲线流程则更加富有节奏和韵律美感，曲线流程可细分为“C”形和“S”形，“C”形具有饱满、扩张和一定的方向感，“S”形则产生矛盾回旋，在版面中增加深度和动感。单向视觉流程能够使版面的流动线更为简明直接地表达主题内容，有简洁而强烈的视觉效果。

②重心视觉流程

重心是指视觉心理层面的重心，重心视觉流程（图1-40）容易使版面主题更为鲜明和突出。这种重心在于版面内容整体排布给人的一种稳定的视觉感受。比如从版面位置来讲，版面中轴线的下端在视觉流程上容易形成重心；从视觉元素方面来讲，面积大的元素容易形成重心；从色彩上来讲，偏向深色的容易形成重心。从重心视觉流程的设计上，通常先从版面重心开始，然后顺延形象的方向与力度的倾向来发展视线的进程。另外，向心和离心的视觉运动也是重心视觉流程的表现形式。

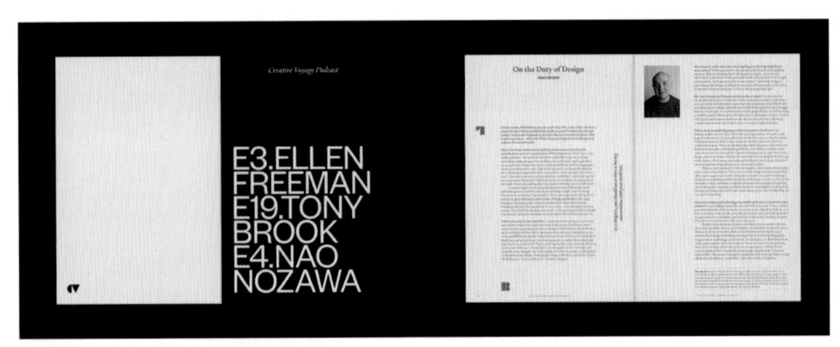

图1-39　单向视觉流程的版式设计

图1-40　重心视觉流程的版式设计

③散点视觉流程

散点视觉流程（图1-41）指版面中图与图、图与字之间呈现自由分散状态的一种编排形式。这种形式更加强调设计的主观性，极具自由、随意、偶然、动感等特点。散点式视觉流程在信息的传达功能方面不如单向、重心等视觉流程直接，但优势是具有更高的个性和艺术性。目前，这种视觉流程在潮流化和娱乐化设计领域内十分流行。

④导向视觉流程

导向视觉流程（图1-42）的原理是通过版面中的诱导元素来引导读者视线向一定方向和顺序进行移动，由主及次地把版面各构成要素依序串联起来，形成一个有机的整体，使版面重点信息突出，形成条理清晰的阅读流程。这种诱导元素可以是抽象的线条、具有强烈指向性的图形符号，比如箭头、手势、感叹号、问号等，也可以是一些有特异效果的色彩和其他元素（图1-43）。

图1-41 散点视觉流程的版式设计

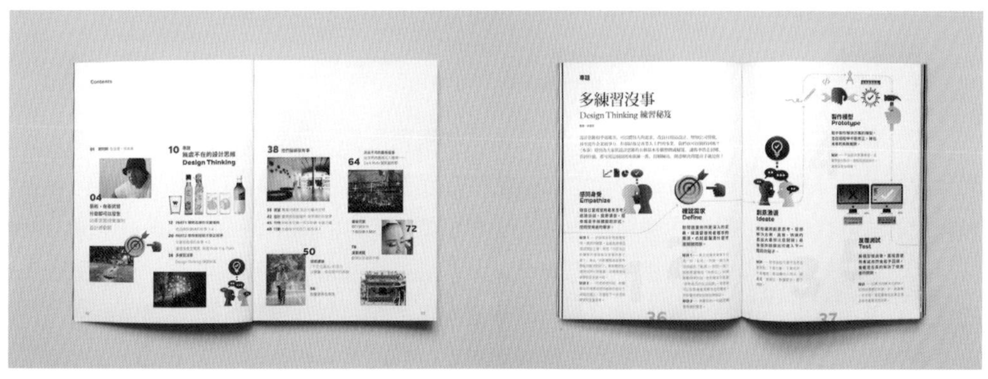

图1-42 导向视觉流程的版式设计

图1-43　利用直线的划分也能形成导向视觉流程的版面

以上①~④项流程均为具有指向性和功能性的视觉流程形式。在设计视觉流程关系时，应追求各个视觉要素之间的节奏感，注意元素之间的间隔距离。如果间隔距离过小，疏密关系则会变弱，节奏感也会随之减弱，视觉流程的引导性在此时会变强。间隔距离过大则会使各个要素相对独立，失去联系，呼应关系变弱，节奏感变强，视觉流程的引导性在此时会变弱。设计者在具体编排的时候要善于控制这些变化，做到版面内容的疏密结合，强弱有序。

3.视觉心理

在版式设计当中除了要注重视觉习惯和视觉流程，还需要注重视觉对心理的影响和作用。

（1）对视觉符号的指代性

人们在日常生活中会接触到大量的符号信息，这些符号往往都具有较为鲜明的象征意义，具有强烈的指代性（图1-44）。在版式设计中，也会出现很多具有符号意义的视觉信息，这些有符号意义的信息可以是文字和图形图案，也可以是色彩。这些信息能够代表具体的文化含义，也就是公众约定俗成的标志物。比如白鸽形象具有倡导和平的指代意义，骷髅符号具有危险或死亡的指代意义。另外，由于中西方以及不同民族文化的不同，不同的版式设计、文字和色彩的应用都有着一定的代表性意义，需要结合其文化心理进行研究。在进行版式设计时要根据设计的需要尊重浏览者的文化心理。

（2）对设计样式的关联性

版式设计常常会遇到系列化的设计任务，比如系列广告、品牌形象高度集中的期刊等。这种系列化的版式设计需要使多个版面能让人在视觉和心理上觉得它们之间有所关联（图1-45）。想要达到版式的关联性效果，需要注意两个方面。一方面是需要将版面中的设计元素在视觉上处理得具有呼应性，这种呼应性应该在编排中既隐晦又显而易见，可以是直观视觉上的，也可以是头脑概念上的。在直观视觉上，设计者可以利用相同的背景或是相同的装饰元素、字形字体、图形符号以及相同或者近似的版面结构来表现，这些在视觉上都可以形成系列感。而概念上的呼应可能并不直观，更多的是一种心理和逻辑上的联系，但一旦被识别就会令人印象深刻。

另一方面，系列感要求视觉信息之间要存在动态关联。在版式设计中，元素之间的呼应可以在视觉上进行弹性处理，诸多需要表达的视觉元素要存在一种动态的节奏关系。视觉元素整合在一起并不是单纯的罗列，而是用充满设计感的理念进行整合（图1-46）。

图1-44　导弹、枪械符号往往指代战争，在版式设计中将其与鲜花元素进行组合能够具有强烈的反战、追求和平的意义

图1-45　在版式设计中，运用统一的色调、字体和相似的排列布局，能够使整个作品的设计样式建立强烈的关联性

图1-46　在版式设计中，既要体现统一，也要体现变化，做到“和而不同”

（3）对版面内容的猎奇性

猎奇心理是人的天性，人们总是对世界充满了好奇心。在版式设计过程中，设计者需要合理利用大众的猎奇心理，在版式画面内容上进行严密的思考和大胆的创新，不断地制造冲突和意外，使版面整体的设计风格和表现形式富有新意，给人意料之外又情理之中的感觉。比如运用较为少见、不容易走入大众视野的装饰纹样，别出心裁的版面编排，特立独行的文案主张等，都能够给浏览者带来这种感觉，满足他们的猎奇心理，从而激起他们的好奇心，吸引他们眼球以便于更好地进行信息的传达（图1-47）。

（4）对视觉美感的依赖性

颜值即正义在设计领域可以被视为真理，版式设计也不例外，版面效果是否具有吸引力在很大程度上取决于受众能否从视觉浏览中获得美的享受（图1-48）。如今快节奏的生活使人们越来越排斥繁复的视觉信息，阅读的时间也越来越短，相较于读物中复杂的符号和文字，美观直接的图片使大众的接受度更高，这就使视觉传媒物的设计更加趋向于快速读取和传播。因此，现代版式设计更需要注重时尚、美观，以图片的方式生动、形象地传达信息，给人视觉上的审美享受。

图1-47　具有强烈视觉张力的图案和独特的排版方式能够快速吸引大众的目光

图1-48　在版式设计中，高质量的图片、明确的视觉流程、秩序性的布局是产生视觉美感的基础

第二单元
版式设计的构成与表现

课　　时： 24课时

单元知识点： 本单元主要学习内容分别为版式设计中栅格系统的功能和应用；版式设计的常规编排类型以及版式设计的表现形式。以上板块内容可以帮助同学们将栅格系统合理地应用到版式设计中；掌握版式设计的常规编排方式方法；提升设计审美意识；运用理论知识对设计实践进行指导，结合形式美法则进行版式设计创作。

在学习版式设计构成与表现之前，我们需要先了解一些关于版式设计规范标准方面的知识，主要涉及版式设计的尺寸问题，即开本、版面和版心。

开本（图2-1）指书刊幅面的规格大小，即一张全开的印刷用纸裁切成多少张。常见的有32开、16开、64开。32开规格一般适用于常规书籍的编排尺寸，16开适用于杂志刊物，64开适用于小型字典、手册等。根据开数与开本的概念，通常把一张按国家标准分切好的平板原纸称为全开纸。在以不浪费纸张、便于印刷和装订生产作业为前提下，把全开纸裁切成面积相等的若干小张称为多少开数；将它们装订成册，则称为多少开本。比如16开就是将全开的一张纸等面积裁切为16张，32开就是裁切为32张。

版面就是我们日常见到的书报、杂志等印刷物的总体部分，其包含了页面中图文部分和空白部分。而版心（图2-2）则是主要承载图文信息内容的部分。

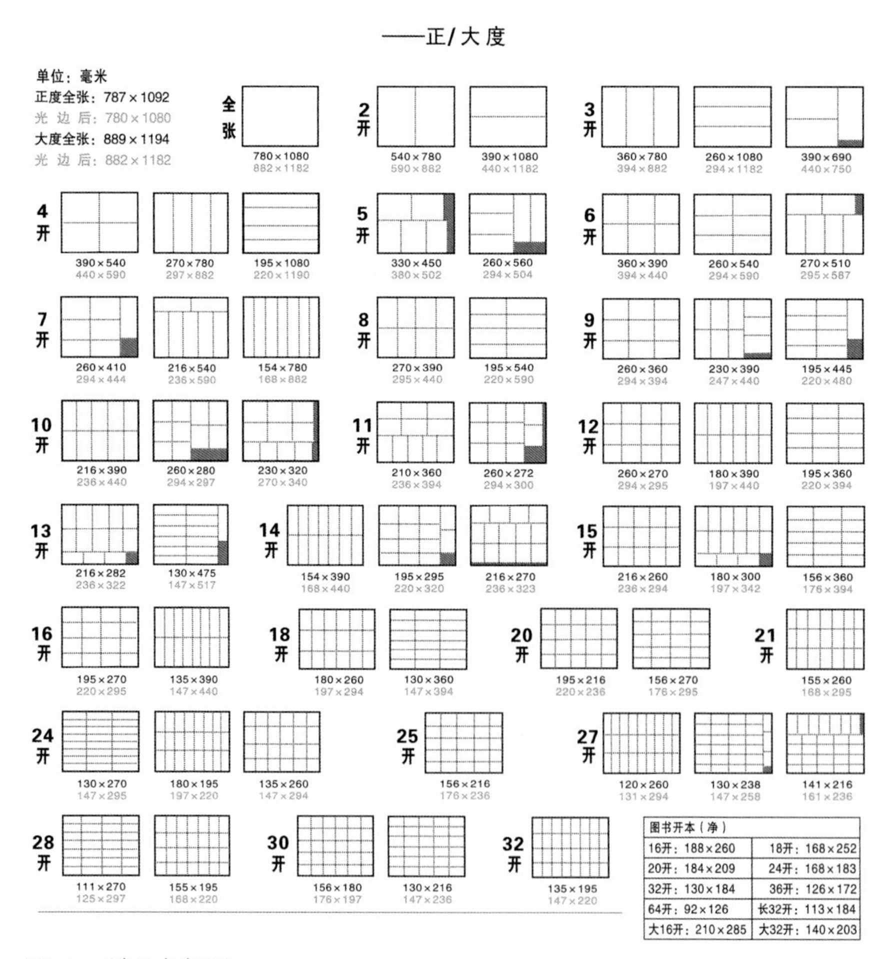

图书开本（净）	
16开：188×260	18开：168×252
20开：184×209	24开：168×183
32开：130×184	36开：126×172
64开：92×126	长32开：113×184
大16开：210×285	大32开：140×203

图2-1　开本尺寸对照图

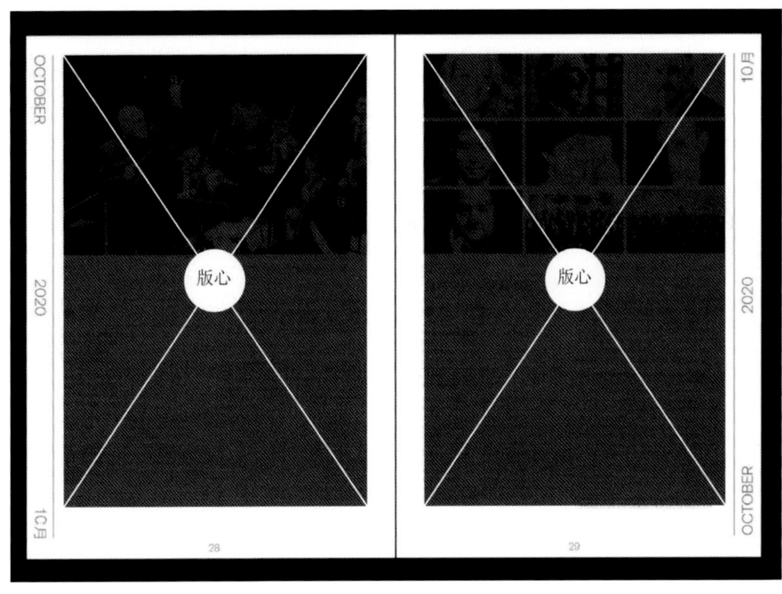

图2-2　版心示意图

第四课　版式设计中的骨骼——栅格系统

课时：6课时

要点：了解栅格系统的由来以及栅格系统与版式设计的联系，理解栅格系统在版式设计中的价值体现；掌握在版式设计中栅格系统的基本类型和具体应用方法。

版式设计作为平面设计的重要组成，可以对视觉传达效果的改善提供重要帮助。而栅格系统作为版式设计中的构成基础，可以高效地将版面的构成元素如点、线、面协调一致地编排在版面上。栅格系统在实际版式设计中能够对版面起到统一性、连贯性、秩序性等作用。伴随着当今时代信息量大且快速传播的要求，栅格系统在版式设计中已经越发引起人们的重视。

1.什么是栅格系统

栅格系统是版式设计理论体系中不可缺少的组成部分。20世纪的欧洲，版式设计就已经形成了较为系统化的理论框架，在当时，关于版式设计的流派众多，风格各异，但是不管在哪个流派中，栅格系统都是极为重要的。栅格设计与古典版面设计相比，是一种完全不同的设计原则，它的特征是重视比例感、秩序感、连续感、清晰感、时代感、准确性和严密性。栅格系统又叫网格系统，是指将版面按照面积来等分为一定数量的小方格，最终形成一张布满版面的网格，再通过确定好的格子来分配文字和图片布局的一种版面设计方法（图2-3），它将构成主义和秩序的概念引入版式设计中，其风格特点是运用数字的比例关系，通过严格的计算，使版面具有一定的节奏变化，产生秩序感和韵律感。

栅格系统不是简单地将文字、图片等要素进行齐整的摆放（图2-4），而是遵循画面结构中的联系而发展出来的一种形式法则。它的特征是重视比例、秩序、连贯和现代感。栅格系统成功的关键是在版面的既定空间内，通过纵横的细线来划分版面的层次关系和协调比例（图2-5）。当我们把设计技巧、艺术审美和栅格系统这三者融合在一起进行设计时，就会产生兼具功能性和艺术性的版面，并在整体上给人一种秩序感和连续感，具有与众不同的统一效果。同时，这也会大幅度提高设计效率。但是也要注意，栅格系统本身具有强烈的理性特质，在实际运用中具有科学性、严肃性，但同时也会给版面带来呆板的负面影响。所以在运用栅格系统进行设计的时候，不要完全依赖栅格系统，需要适度融入一些其他自然、灵活的编排方式，使版面兼具理性和感性。

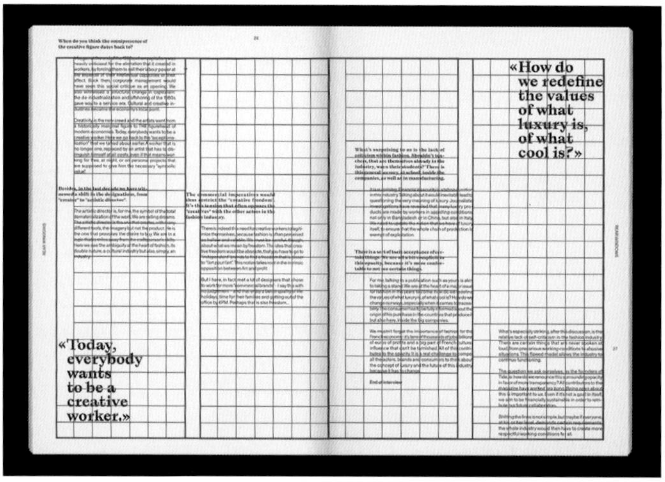

图2-3　参照栅格系统进行文字信息的编排

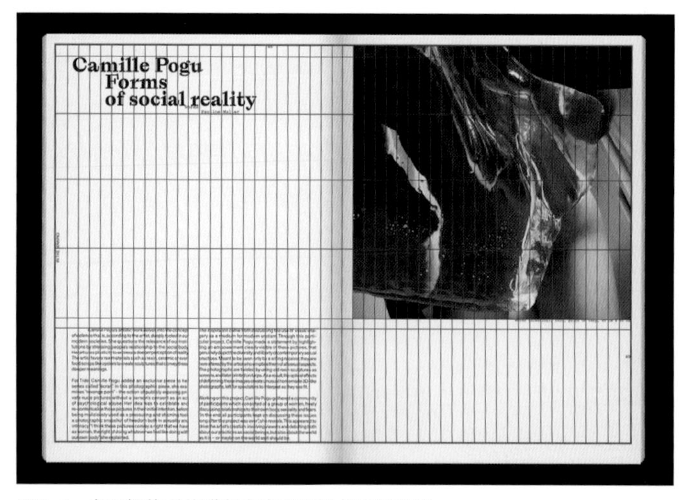

图2-4　参照栅格系统进行文字和图片信息的编排

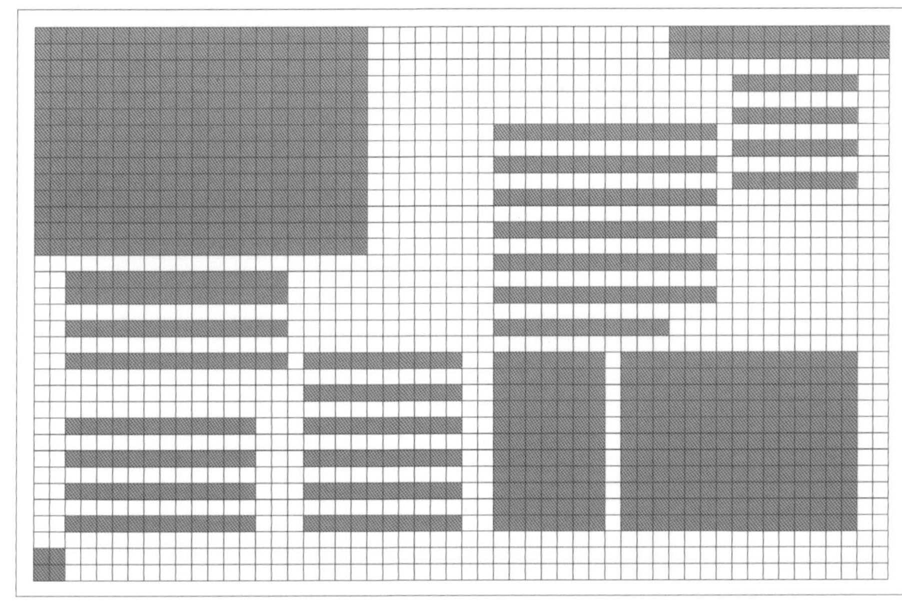

图2-5 版面中所有的图文内容在栅格中都将被视为块面

2.栅格系统的功能

栅格系统是隐形的架构，在设计成品中是无法显示的。它控制着印刷品的边距，文本栏的宽度、页面元素之间的间距、比例、大小、每页重复出现元素的固定位置等。在设计中只能通过辅助线来制作和调整栅格系统，以便于在空白的版面上放置和调整各种视觉元素，实现栅格系统的功能作用，具体来说版式设计中栅格系统主要发挥的功能有以下三点。

（1）建立秩序感

人的视觉和思维都是连贯性的，所以也是按照一定的顺序处理信息的。好的版式设计应该像一个索引目录，能够帮助读者按一定规则、一定顺序找到需要的目标和位置。有条理的版式设计有着明快的节奏感和视觉张力，它能对人的视觉进行有序的引导，有助于读者更好地关注版面本身内容而不是形式。设计者需要根据版面信息的层次和视觉的需要，进行系统化的编排布局和调整，这时通过栅格系统把版面划分为多个矩形区域，比如将文字信息进行分栏，将图片信息进行分块等。能帮助设计者建立整体的版面架构来组织设计内容，串联视觉元素，通过一套统一标准，将大量的视觉元素有秩序地安排在页面上，形成视觉上的秩序感（图2-6），使设计内容安排得当、井然有序，让浏览者能不自觉地遵循一定的规律，体验到轻松愉快的阅览过程。

（2）保持标准化

使用栅格系统的版式设计，不仅非常有条理性，看上去也很顺畅连贯，但最重要的是，它给整个页面结构定义了一个标准。怀特认为“它给设计一种内在凝聚力”。预先确定一个共同的栅格系统将有助于统一成标准的、前后关联但又相对独立的印刷品。如某系列丛书、某产品的系列海报等印刷品的整体形象，因为他们有内在的、隐形的、家族式的框架在规范他们的风格。

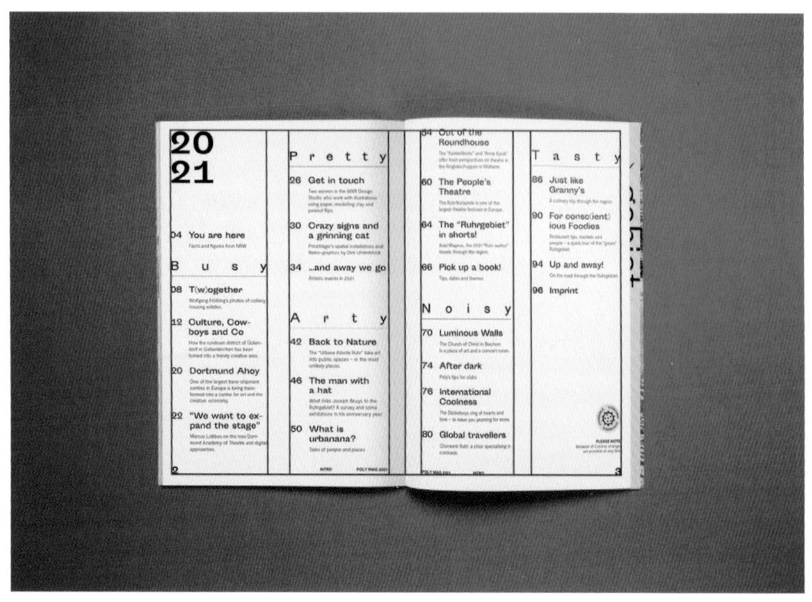

图2-6　栅格化系统能够使版面信息规整，具有秩序美感

图2-7　利用栅格系统进行版式设计，有利于建立系列版式的样式标准，有利于设计样式的整体和统一

栅格系统看似复杂，但事实上我们不需要每一页都进行新的规划和设计。在栅格系统的帮助下，页面的布局设计将完全是规范的和可复制的。这里需要注意一个前提，那就是重复的要素必须是有据可依的，必须放在符合视觉协调和心理预期的位置上（图2-7）。

（3）创造形式美感

栅格系统是版式设计的构成框架，就好比人的骨骼，一个身体健康、比例匀称的人无论怎么穿着或运动都比骨骼残缺或者畸形的人更有美感。在版式设计中，内容编排的散和乱是设计过程中非常容易出现的问题，究其原因不外乎是版面编排丧失秩序，没有层次，缺乏规律。

栅格系统给版式设计的形式美感创造出了更多的空间，因为栅格系统是运用被公认具有经典美感的黄金比例来进行分栏，从而安排文本、图片以及空白的位置、大小关系的。这些视觉元素相互之间暗含着优美的比例关系，呈现出令人难以察觉的不可言喻的和谐和精致，给设计者提供了更多创意和表达自我的可能。在实践过程中，只要了解了栅格化设计的基本原理，在栅格系统的帮助下，设计师能更快地解决设计中的问题，并让设计更具功能性、逻辑性和视觉美感（图2-8、图2-9）。

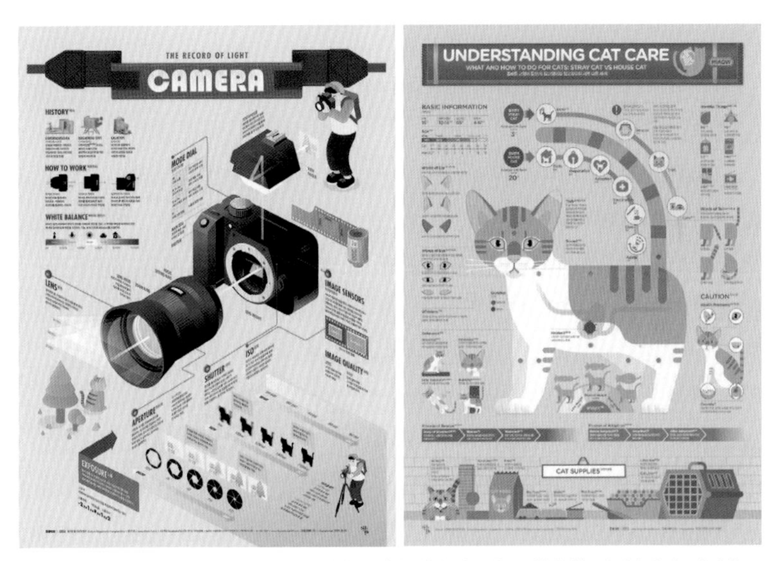

图2-8　利用栅格系统能够衍生出非常多而有趣的版式骨架，使编排画面内容多而不乱

图2-9　利用栅格系统来做的趣味版式设计

3.栅格系统的类型与设计应用

版式设计中的栅格系统，大致上可以分为通栏式栅格、分栏式栅格、模块化栅格三种类别。

通栏式栅格（图2-10）是栅格系统中最为基础也最为常见的一种栅格类型。通栏式栅格系统往往只会形成一个完整的矩形区域来限定编排内容的区域，这种栅格类型通常适用于编排大量的文字信息或者纯粹的文本版面。通栏式栅格虽然结构单一，却对页边距的设置极为考究，通过充满比例感的页边距设置，可以使得版面中的信息元素处于一个较为舒适恰当的位置，比如页眉、页脚、页码等细节。在通栏式栅格中的位置布局也需要与版心和幅面形成和谐的比例关系与位置关系，比如与版心中的视觉元素相对齐或者居于版心的中轴线等，这些细节的掌控会让版面整体充溢张力感与逻辑感。

分栏式栅格（图2-11）相比通栏式栅格更为灵活和多变，它可以根据不同的开本大小与图文信息，自由地选择两栏、三栏、四栏甚至更多栏的版面布局。栏数的增加能够使版面结构更加丰富和多样，但是需要注意的是，随着栏数的增加，栏宽与栏间距也需要根据比例关系做出适当的调整。栏宽过窄会造成文字过小、过密，导致阅读时盯错字、盯错行，影响阅读的通畅性和舒适性。在实际设计中分栏方式要综合版面的布局需求来进行抉择。

模块化栅格（图2-12）是栅格系统中最为复杂的栅格类型，但其实质上是在分栏式栅格的基础上利用横向网线进行的再一次划分。这些被再次划分的小单元栅格可以构建出充满秩序感与纪律感的空间结构，被划分的每个单元栅格都是等大的，而且每个单元栅格之间都留有一个空白间隔，这个空白间隔往往是通过计算而得出的文本行距的空白区域。这些单元栅格可以进行水平设计，也可以进行垂直设计，灵活多变的组合变化为版面编排提供了更加有效的处理方式。由于单元栅格承载着版面中的信息元素，因此单元栅格的尺寸往往是受信息元素制约的。在以文字为主的版面编排中，单元栅格的宽度便会受到单行文字的数量影响。在以图片为主的版面编排中，单元栅格的比例就会依据图片的尺寸进行适当修改。而在图文混排的情况下，单元栅格的尺寸就需要通过版面上的所有视觉元素进行综合考量，这个过程也许会花费非常多的时间，但是却非常值得，因为这些会影响到版面最终的视觉效果。

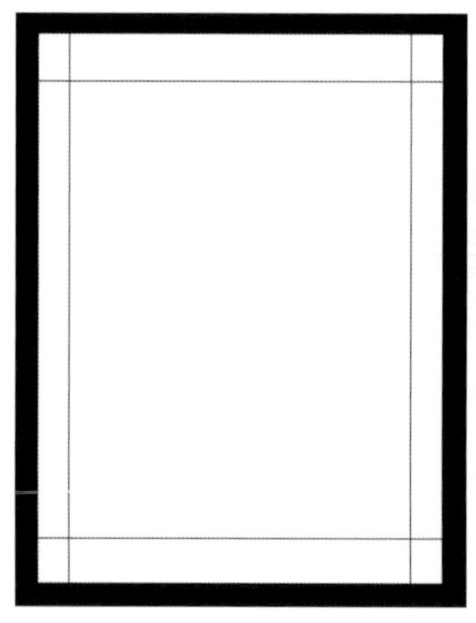

图2-10　通栏式栅格

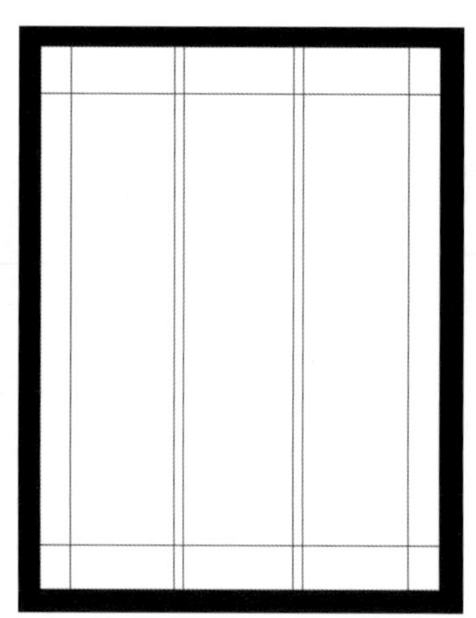

图2-11　分栏式栅格

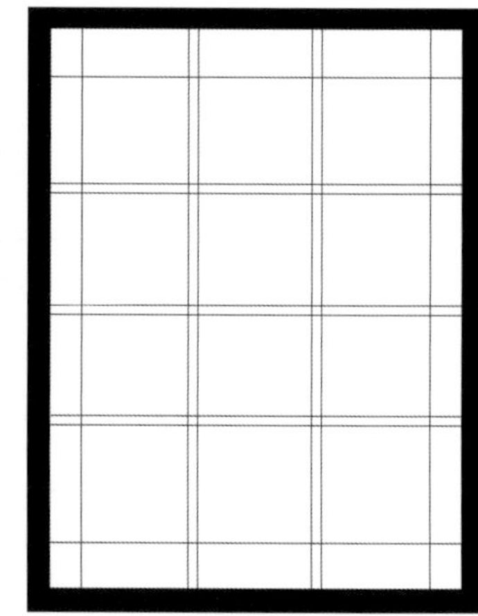

图2-12　模块式栅格

栅格的创建方法既可以通过手绘，也可以借助软件中的辅助线完成。当下服务于版式设计的专业软件有很多，且都功能强大，栅格工具使用非常方便。最常用的编辑类软件有InDesign、Photoshop 和 Illustrator。它们都能够快速建立栅格系统，完成对文本和图像的高效编排。

栅格系统在版式设计中主要体现出的是它的实用功能，在具体的设计中，要做到栅格系统的灵活应用，使版面既具有创意性，又富有严谨性。版式设计作为一项艺术性很强的设计门类，有其自身的规律性，为此在设计中要结合平面设计的具体特点，科学合理地运用分栏方法以及栅格单元将文字、图形、装饰等视觉形象进行合理的设计。同时要结合相应的视觉经验以及审美规律，如此才能使栅格成为版式设计中的强大助力（图2-13）。

图2-13　栅格系统辅助下的版式设计

第五课　版式设计的类型

课时：6课时

要点：了解版式设计的各种编排类型，理解各个类型的特征特点以及适用范围和基础；熟练掌握运用各个类型知识进行版式设计的具体实践。

版式构图是一切版面视觉效果的基础，在掌握栅格系统的相关知识之后，我们在版式设计中后续面对的首要问题就是采取恰当的构图形式，它决定了版面的结构形态。不同的构图会产生不同的视觉效果，在这节课里，我们借助一些常见的版面编排设计的构图形式来分别讲述关于版式设计的常规类型结构。

1.骨骼型

骨骼型版式（图2-14）是一种规范的理性的分割方法，这种构图可以直接套用栅格系统，常见的骨骼有竖向通栏、双栏、三栏、四栏和横向通栏、双栏、三栏、四栏等。一般以竖向分栏为多。在图片和文字的编排上则严格按照骨骼比例进行编排配置，给人以严谨、和谐、理性的美。骨骼经过相互混合后的版式，既理性有条理，又活泼而具弹性。

图2-14　骨骼型版式是最常见、适用范围最广的一种排版类型

这是最常见的简单而规则的版面编排类型，一般从上到下的排列顺序为图片、标题、说明文、标志图形。它首先利用图片和标题吸引读者注意，然后引导读者阅读说明文和标志图形，自上而下符合人们认知的心理顺序和思维活动的逻辑顺序，能够产生良好的阅读效果。

2.满版型

满版型版式（图2-15）利用图像或图形填充占满整个版面，一般多设置为不留白边，只留两侧白边或者四面都预留白边的出血版。这种版式以图像展示为主，视觉传达直观而强烈，多用于商业广告、影视招贴、画册等设计物。如果出现文字信息，则文字多出现在图像的上下两端，图文并茂，常给人以大方、舒展的感觉，是视觉传媒设计中最常用的形式之一。

图2-15　满版型版式主要以图片信息见长，具有强烈的展示性

3.分割型

分割型版式（图2-16）把一个整体版面分割成若干个区域，然后在这些区域中进行图像、文字的编排，常用的分割方法主要有三种，即上下分割、左右分割和自由分割。上下分割是以纵向的顺序把整个版面分为上下两个部分，在上半部或下半部配置图片，另一部分则配置文案和其他视觉要素。配置的图片选择应该在不影响主题信息准确性的基础上尽量生动而富有美感，而文案部分则尽量富有理性和规整，上下部分配置的图片可以是一幅或多幅。左右分割则是以水平的顺序把整个版面分割为左右两个部分，分别在一侧编排文案，另一侧编排图形图案。需要注意的是，这种分割版式容易形成左右部分的强弱对比，造成视觉心理的不平衡。自由分割则较为灵活多变，没有具体的上下、左右的定式，而是根据实际的编排内容进行多元化、艺术化的分割编排，这种分割方式虽然不如上下、左右分割类型的版面结构简洁清晰，但在一些较为新潮、流行的版式中恰恰需要这种类型的分割版式。

图2-16　分割类型的版式设计

4.中轴型

中轴型版面（图2-17）通常将图形进行水平或垂直排列，文字以上下或左右配置。水平排列的版面容易给人稳定、安静、和平与含蓄的视觉感受。而垂直排列的版面主次关系更加明晰，能给人带来强烈的动感。标题、图片、说明文与标题图形放在轴心线或图形的两边，具有良好的平衡感，根据视觉流程的规律，在设计时要把诉求重点放在左上方或右下方。

5.曲线型

曲线型版面（图2-18）是指在版面上将带有曲线倾向的线条、色彩、方向等因素依照一定的规律变化进行分割，将文字或图片以曲面或弧度的形式进行编排的一种版式类型。曲线型版式具有流动、活跃、动感的特点，曲线和弧形在版面上的重复组合可以呈现流畅、轻快、富有活力的视觉效果。曲线的变化因遵循美的原理法则，具有一定的秩序和规律，又具独特性。

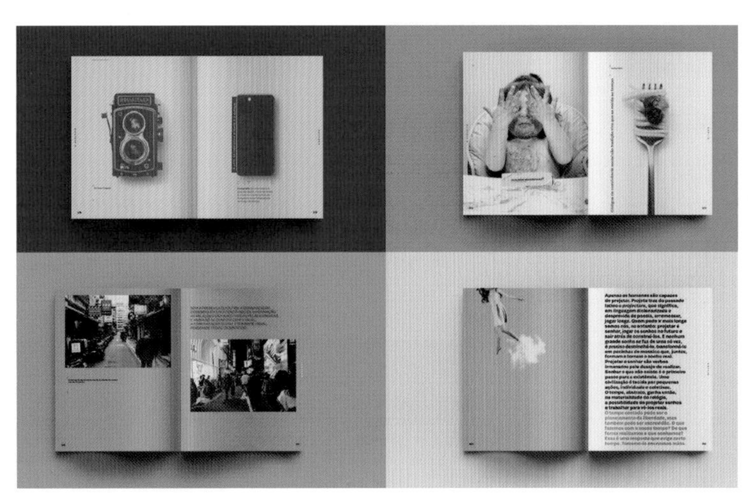

图2-17　中轴型版式易于突出主体信息，让人便于浏览阅读，一目了然

图2-18　曲线型版式给人以活跃、流动、跳跃的视觉感受，容易形成具有强烈特点和具有艺术美感的版面

6.倾斜型

倾斜型版面（图2-19）将版面主体形象或其他视觉要素进行倾斜编排，打破面板的均衡和平静，通过增加不稳定因素，吸引读者视线。这种版式设计方法的特点是刻意打破稳定和平衡，赋予文字和图像强烈的结构张力和视觉动感。

7.对称型

对称型版面（图2-20）的内容编排呈较为明显的对称关系，可以是左右对称、上下对称、斜对角对称，也可以是左中右、上中下的对称关系。对称的版式常常给人稳定、庄重、理性的视觉感受。对称关系中还分为绝对对称和相对对称，一般在设计中多采用相对对称，以避免版面过于稳定、乏味。

8.重心型

重心型版式（图2-21）一般分为三个方面。其一是以中心为参照的版式设计，这种编排方式就是直接以版面的中心为基准，版面上信息的主次关系也由中心向四周进行有序延展。其二是以向心为参照的版式设计，是视觉元素向版面中心聚拢的运动。其三是离心，与向心相反，是视觉元素由版面中心向四周扩散的运动。重心型版式容易产生视觉焦点，使编排意图强烈而又突出。

图2-19　电影《信条》的平面海报采用倾斜式的排版，打破视觉的稳定性，给人带来耳目一新的感觉

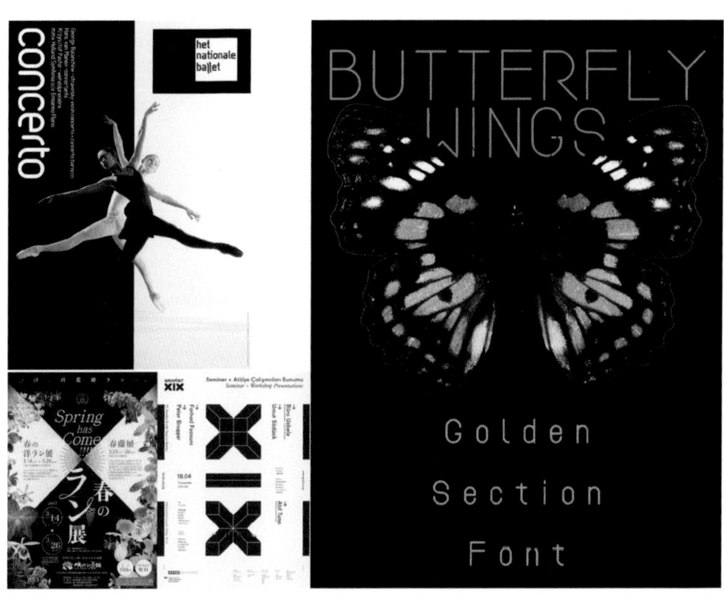

图2-20 对称型的版式结构

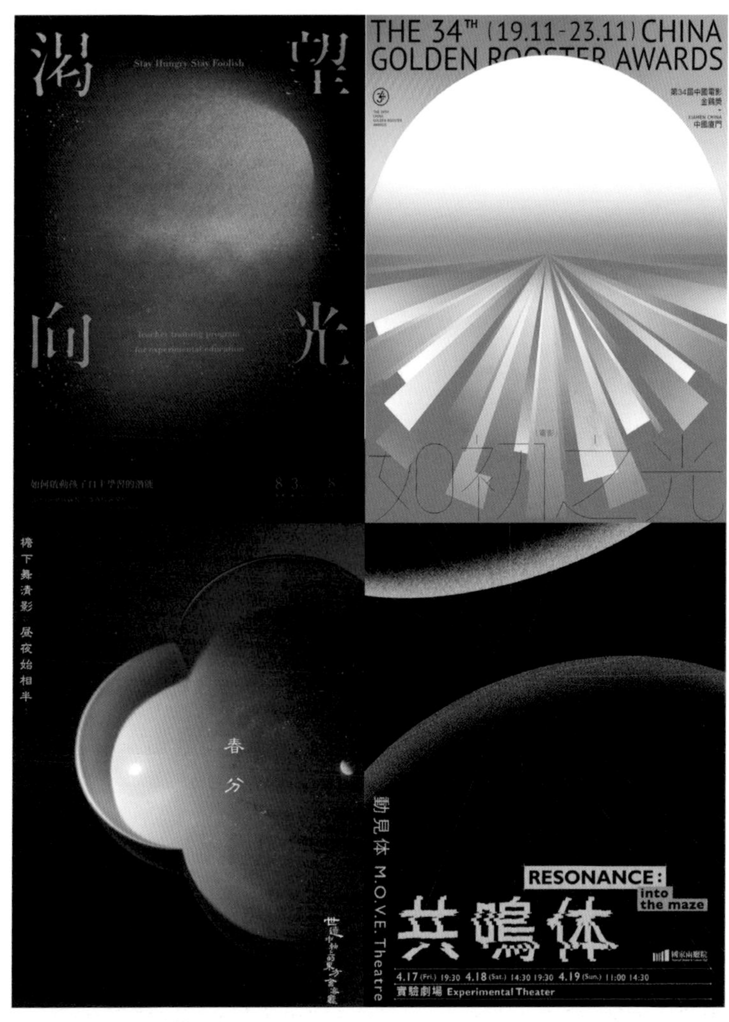

图2-21 重心型的构图布局

9.三角型

三角型版式（图2-22a）指版面中各视觉元素呈三角形排列，在设计时可以通过文字、图片的处理打破其死板性。其特点是能够兼具稳定性和灵动性，容易给人带来安定和动感的视觉感受。

10.并置型

并置型版式（图2-22b）将不同的图片作大小相同而位置不同的重复排列。并置构成的版面有利于视觉信息的比较和参照，常应用于具有科普和说明意义的展示类设计，能够给予科学、严谨、有序的视觉感受。

11.四角型

四角型版式（图2-22c）指在版面四角以及连接四角的对角线结构上编排的图形。这种结构的版面应用率极高，经常出现在大众的视野，是非常常规的一种版式类型，给人以严谨、规范的视觉感受。

a | c
b

图2-22　三角型、并置型、四角型的版式构图

12.散点型

散点型版式（图2-23）与自由分割型版式极为相似，是指在编排时将视觉要素在版面上进行较为感性的编排，主观性与艺术性较强，容易形成随意轻松、富有个性的视觉效果。但是这种类型的版式设计由于摆脱了规则性的限定，容易出现版面杂乱、主题模糊的问题，所以在设计时要注意统一版面的设计风格，同时又要保证版面主体突出，符合视觉流程规律，这样方能取得最佳诉求效果。

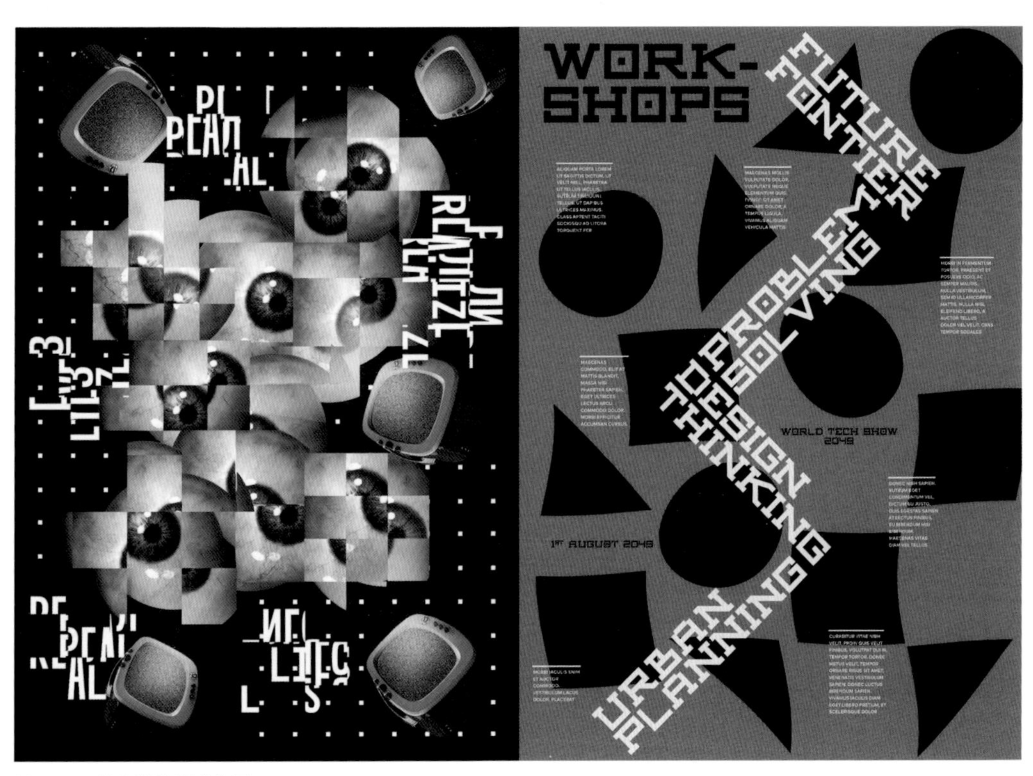

图2-23　散点型的版式构图

第六课　版式设计的表现形式

课时： 6课时

要点： 了解版式设计中各个表现形式的相关特征特点以及适用条件；理解掌握版式设计的形式审美原理并对设计实践进行指导，结合形式美法则进行版式设计创作。

对版式构成类型的灵活应用，能够产生各种各样具有特点和性格的视觉效果，而在达成这些效果的同时，我们还需要考量版面表现形式，使设计具有艺术性和风格化。总之，版式设计离不开艺术表现，美的形式是规范形式美感的基本法则。

1.版式设计的静态表现与动态表现

版面从时间维度的稳定性来看，可以分为静态化版面和动态化版面两种。静态化版面要求在一定的时期内，版面的空间布局、标题位置、字体字号、网纹线条、刊头、图片等有一定的稳定性和规定性，稳定、静止是静态化版面的显著特点，其反映的是一种恒定的视觉效果，多用于书籍装帧、报纸杂志、平面广告、海报等传统平面设计。而动态化版面则相反，运动和变化是动态版式的最大特征，动态化版面反映的是时间与空间的综合视觉效果，版面内容随着时间的推移而不断的发生变化，常用于网站网页、动画、手机界面、影视广告等数字媒体。静态化版面我们在书中已经做了较为详细的介绍，在这里，需要强调关于版式设计动态表现形式的几个要点。

（1）版面构成形式的非恒定性

在静态化版面中，我们总是耗尽心力在版面各个元素之间寻求和谐以至达到版面的最佳均衡状态，而这种设计模式将在动态化版面的设计过程中被改变。原因很简单，动态化版面中的各个元素始终处于运动状态，会不断产生新的版面构成形式并替换原有形式，直至浏览结束为止。这就是所谓的非恒定性。也由此可见，动态画面的版式设计相较于静态化版面，考虑的问题会更多一些。

（2）视觉中心的运动性

当版面的表现形式发生了动态变化，其视觉中心也必然要呈现出动态变化。而我们更需要重点关注的是视觉中心的运动变化过程如何能够更好地符合受众的视觉习惯与心理期待，引起浏览者的视觉共鸣。

（3）运动中视觉中心的范围限定性与视觉外延的范围无限性

在一个既定版面中，不管视觉中心再怎么运动变化，它必然是在屏幕显示的区域内，也必然在人们的视线范围中，这就是视觉中心的范围限定性。而其运动的趋势与轨迹以及由此带动的其他元素的运动却有可能在画面之外，这就有点像水中泛起的涟漪一样，扩散开来至无形，但我们却无法衡量涟漪的扩散范围，这就是所谓视觉外延的范围无限性。在动态版式设计中，要善于利用视觉中心范围的限定性和视觉外延的无限性，给观者带来视觉和心理上的双重影响。

（4）运动的方向、速度、轨迹都会受到画面四周的影响

带有运动性的版式设计通常应用于带有屏幕的数字设备上，它和传统的纸媒具有明显的差异。屏幕与纸的区别在于纸的四周起到的是信息承载范围的限定作用，而屏幕则不一样。比如屏幕的安全区域设定就是为了保证主要视频信息显示而设定的，这就像平面印刷中设置出血范围一样。但除此之外，屏幕的四周又有着另外的独特意义，比如说，我们可以将屏幕的四周看成是舞台的幕布，信息运动至此消失，或是信息由此进入画面，这种动态化的视觉效果为屏幕的四周带来了感官上的伸缩性。在具体设计中，设计者需要重视屏幕四周的边界与信息内容进入和离开的表现形式，使动态化信息的呈现具有别出心裁的新奇效果（图2-24）。

总的来说，动态化版面要求版面形式每时每刻都在发生变化，它强调元素位置随着时间的变化而变化，追求每时每刻都呈现出新的样貌。

图2-24　无论是静态还是动态的版式，在设计中都要重视视觉浏览的运动过程

2.版式设计的节奏与韵律

节奏在我们的生活中非常普遍，是我们生活的调味剂。节奏与韵律最直观的体现就是音乐，音乐通过音符的高低变化和抑扬顿挫来抒发各种不同的情感。同时，节奏又不仅仅限于声音层面。事物的运动规律和情感的变化也会形成节奏，比如水的节奏与韵律、梯田的节奏与韵律。节奏变化是事物发展的本原，是艺术美感的灵魂，也是相对变化的结果。

在版式设计中，设计者需要强化视觉的节奏感和韵律感，节奏和韵律往往是成组出现的，二者相互依赖，共生共存。用反复、对应等形式把各种变化因素加以组织，构成前后连贯的有序整体即是节奏，其可以理解为是一种与韵律结伴而行的有规律的突变（图2-25）。

具体来讲，节奏和韵律是一种周期性、规律性的运动形式。音乐依靠节拍体现节奏；舞蹈通过肢体的动作来体现节奏；而版式设计则是通过版面中的线条、图形形状和色彩等各个设计因素来体现节奏。版式设计中的节奏是按照一定的条理、秩序，重复连续地排列，形成一种律动形式。它有等距离的连续，也有渐变、大小、长短，明暗、形状、高低等的排列构成。好的节奏往往能够呈现出一种秩序美感和律动美感。缺乏节奏感的版面会让观者感到沉闷、乏味，因而失去了阅读的兴趣。

如图2-26所示，在这幅版式设计作品中，大家可以明显看到，版面的文字信息与抽象的黑色图案以及其他视觉元素在画面中大小交替，黑白灰颜色层次分明，画面中的文字通过规整的排列方式以及刻意的空缺和残缺，与画面中心黑色图案曲线的搭配，形成节奏上的反差，使我们能够强烈感受到画面的活泼和灵动，凸显出版面的节奏和韵律。

图2-25　具有强烈节奏感的版式设计

图2-26 节奏作品范例一

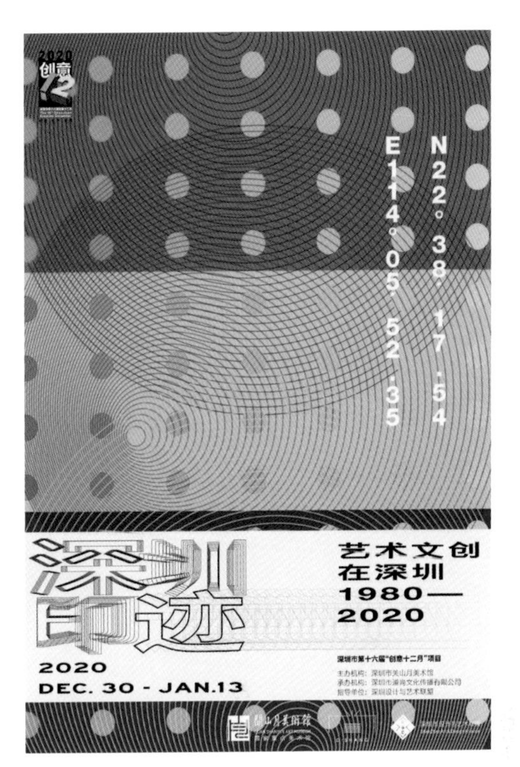

图2-27 节奏作品范例二

再如图2-27所示，在这张作品中，我们明显能够看到海报版面中线条与点状圆形以及色彩的交相辉映，整幅版面呈现出非常强烈的节奏感和韵律感。虽然整体版面内容填充非常饱满，但是并不会给人带来沉闷、疲劳的视觉感受，整个作品依然醒目、张扬，具有很强的动感和视觉张力。

所以，在版式设计中如果能使视觉元素的大小、位置以及编排的疏密变化形成跳跃式的视觉线索，读者阅读起来就会感到一种吸引力和节奏感，能让版面活泼而具有动感。

3.版式设计的留白与虚实

虚实相生，无画处皆成妙景。虚实结合是中国传统美学的一条重要原则，概括了中国古典艺术的重要美学特点。版式设计是一种艺术创作的过程，也要讲究虚实相宜（图2-28）。在版面的编辑中，画面中各构成要素正是被这种无形的“气场”协调统一在一起，从而表现出一种完整性。

在版式设计中，留白是调节版面虚实的常用手法，版面中的虚往往是为衬托画面主体的实，虚可以视为空白，也可以视为细小微弱的元素。有时设计者为了强调主体，有意将其他画面元素削弱为虚，甚至彻底留白，这是为了更好地烘托实，是版式设计中不可忽略的重要法则。但是在具体运用中则应该根据版式内容的具体情况来定，一般来说，报纸杂志类信息共用版面的读物，由于带有大量信息承载的任务，报纸往往都是实多虚少，而画册、广告类信息专用版面的读物，信息主题明确但数量较少，则可虚多实少。

图2-28　在设计中运用留白和虚实能够产生意境之美

版面中太过于满和紧凑的布局，会让人有压抑、沉闷的感觉。这样的版面容易让人产生视觉疲劳，更加无法突出视觉中心和主体内容。因此，在版面编排设计时，要调节版面内容的聚散效果以实现版面的虚实关系。处理版式的虚实关系，要注意留白。留白可以打破版面中沉重、紧张、呆板的局面，给沉闷的版面带来换气的空间。

如图2-29所示，我们可以很轻易地看到，在这个版式设计中，黑色的文字信息数量并不多，其实只需要一页就可以完全容纳这些文字内容，但是设计者却将这些内容编排在多个版面内，多出的部分采用了大量的留白方式，这种效果在视觉上能够让人感到整幅版面十分明快、通透，不会产生视觉疲劳感和厌倦感。

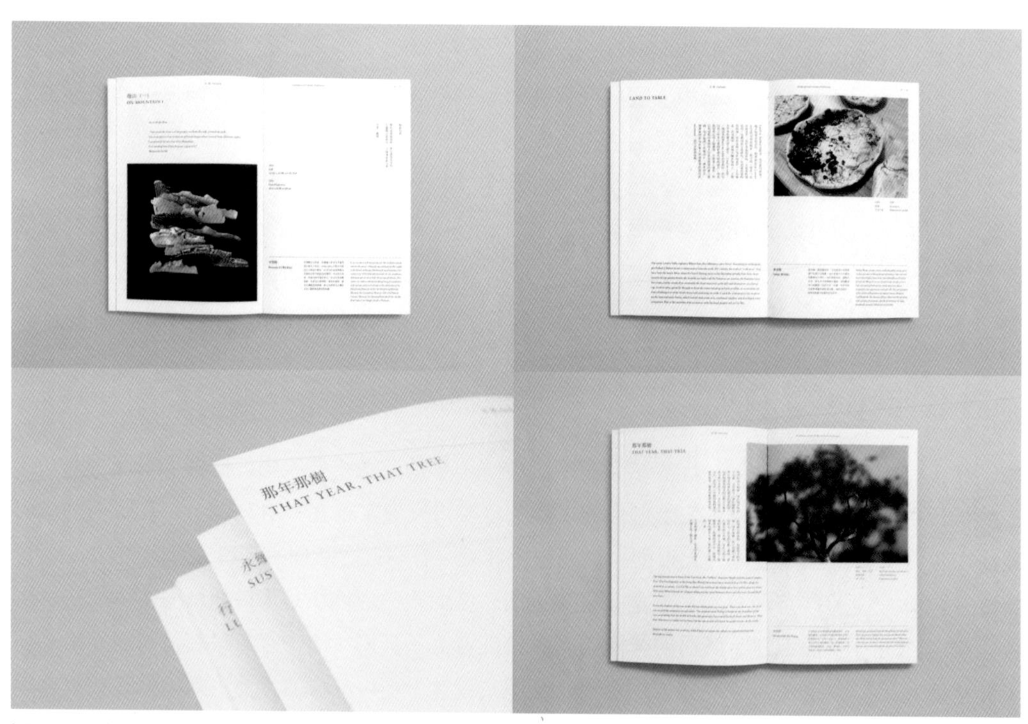

图2-29　采用留白手法的中文版面

又如图2-30所示，在这个案例中，设计者也同样采用了大面积留白的处理方式来进行图像元素的版式设计，使版面中的图像信息格外醒目，增添了整体设计的现代感与高级感，使人们在视觉浏览过程中能够快速找到视觉焦点，并且为观者提供了很多的想象空间。

另外，版面的留白也是一种以虚来衬托实的表现手法，可以让版面虚实相生（图2-31）。在版面编排时，有意将一部分版面虚化处理或者留白处理，虚的部分就可以衬托出文字、图形等“实的”内容，浏览者视觉则可以快速找到焦点，便于视觉记忆和识别图文信息（图2-32）。

图2-30　采用留白手法的图像排版

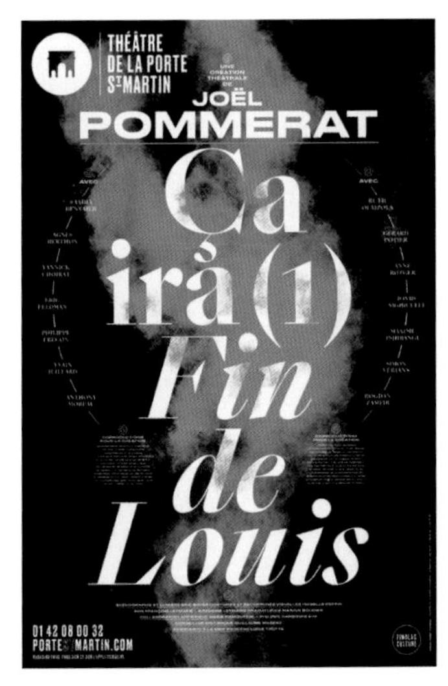

图2-31　蓝色烟雾的“无形”与白色文字的“有形”形成了强烈的虚实关系，使得版面信息主次分明

图2-32　两种形式的虚实处理反映出版式视觉要素的前后关系

4.版式设计的对比与统一

对比，是把具有明显差异、矛盾和对立的因素安排在一起，使其相互产生作用的一种手法。对比是把对立的事物或把事物中对立的两个方面放在一起进行比较，让读者在比较中分清好坏、辨别是非。比如写作中的对比手法，就是把事物、现象和过程中的额矛盾双方安置在一定条件下，使之集中在一个完整的统一体中，形成比照和呼应关系，而统一则相反。

在版式设计中，合理巧妙地运用对比与统一的手法，是实现主题突出、版面和谐的重要技巧。首先，版式设计中的对比是将相同或相异的元素用来进行强弱对照编排的一种形式手法，也是版面设计中取得强烈视觉效果的重要手段（图2-33）。这些能够产生矛盾比较的关系主要有主次、大小、粗细、长短、疏密、动静、黑白、刚柔、虚实等，它们彼此渗透，相互并存。多种对比关系通常在同一版面中呈现，交融在一起（图2-34）。

图2-33　繁与简的对比

图2-34　在版式设计中可以同时采用多种对比手法，不论是从图形到色彩，还是从风格到形式

如图2-35所示，我们可以轻易地看到，在这个版式设计中，作品设计元素主要是人物雕塑，但是在雕塑中采用了割裂、流沙等艺术效果，能够在一个雕塑上体现出两种截然不同强对比效果，产生强烈的视觉冲突。这些对比能够使整个版面充满视觉张力。

在版式设计过程中，除了对比，还需要注重版式的统一。版式设计中的统一原则主要是将版式设计中的各个视觉元素依据一定规律、顺序或层次等进行有序排列，使得画面具有条理性。在具体设计中，画面秩序通常是依据网格分割方式来实现的，这种版式设计在如今排版中较为常见，它能够突出版面信息的主题，并且呈现出一种清晰明了、有秩序感的视觉美，使浏览者在看到这样的版面设计时能够瞬间融入其中。

又如图2-36所示，我们可以很轻易地看到，在这个版式设计中，只是出现了英文这一种编排元素，但是设计者通过对英文字母的黑白正负形态的变化以及变形和组合，达到了版式设计中的对比效果。

图2-35　对比作品范例一

图2-36　对比作品范例二

5.版式设计的对称与平衡

“对称”与“均衡”在构成事物外形及组合规律上具有自己的审美特性，实际上自然界中的很多事物都具有先天的对称特性（比如蝴蝶）。对称蕴含着人们对事物的一种“平衡、均衡”的感受。感受中的“平衡”也和我们所说的物理力学无关，它是一种心理上的平衡或者是视觉上的平衡。严谨地说，“平衡”在某种情况下并不等于对称。事物通过不同空间、大小、位置、色相、明度的对比关系也可以使不对称的事物间体现出平衡的状态。了解“对称”和“均衡”的相关内涵及其形成规律，对设计者自觉利用形式美为设计创作服务，无疑会起到非常积极的作用。对称和均衡存在区别，也有着很深的关联。平衡的范围中包含着对称，对称又是绝对平衡的一种体现。

在版式设计中，文字和图形排版的对称和平衡也是版面中经常会用到的设计手法之一，这种对称的布局具有较强的视觉冲击力（图2-37）。为了使版面呈现出一定的平衡感，设计师则可以应用绝对对称及均衡手法来实现。其中均衡指的是通过调节各种视觉力来实现视觉平衡感，这种手法的应用在很大程度上提高了版面的活泼感和动感。而对称手法的应用使得整体版面呈现出稳定的美感，人们在观看版面的时候，其能够产生不可抗拒的视觉效果。在版面设计中，设计师可以通过应用对称编排方式将文字放在高于观者视平线的位置，由此使得人们观看版面信息时产生不可抗拒感，从而将版面信息内容的权威性有效传达给读者。

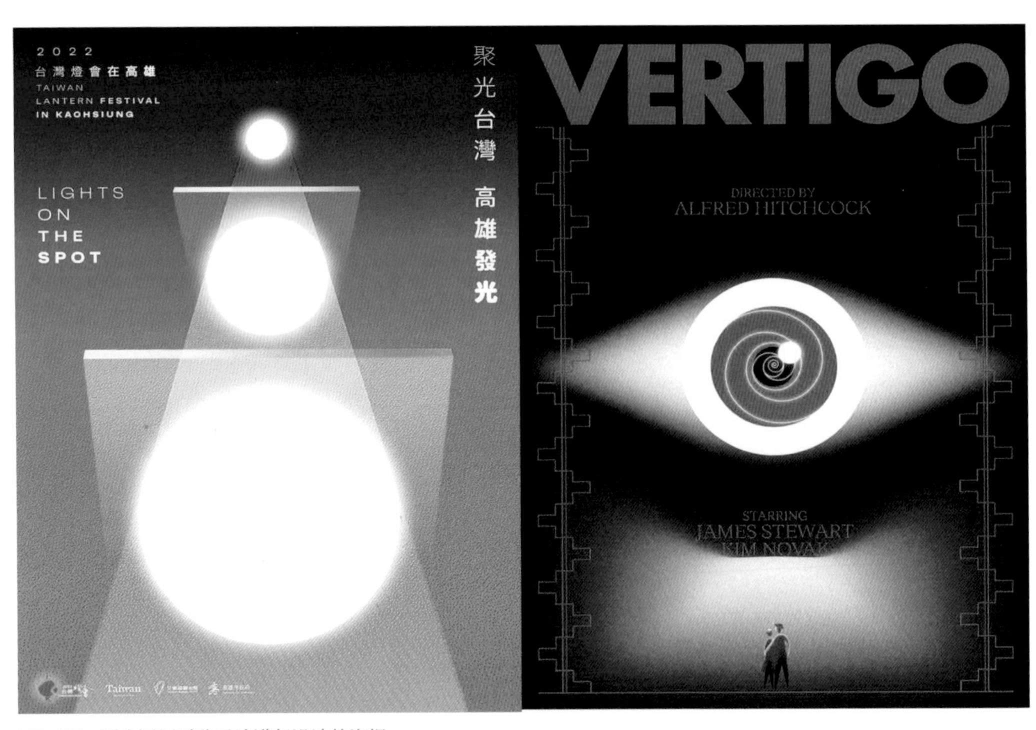

图2-37　两张运用对称手法进行设计的海报

图2-38　对称作品范例

视觉均衡不代表版面的布局一定要绝对对称，而是我们所指的视觉力要达到一种平衡感、均匀感，不会让人感到头重脚轻，或者左重右轻等不协调的视觉感受。如图2-38所示，在这幅封面设计中，能够体现出版式设计的视觉均衡。在画面对角线的位置上出现了两只类似对称且不同的动物图案形象，这样既形成了强烈的对称感又打破了绝对对称的僵硬感，使得整个版面给人活泼生动又不失饱满、稳定的视觉感受。在版式设计中，对称原则的应用相当广泛，对称性的手法会给读者带来更多的视觉冲击感和可视感。

对称形式在版式设计中的应用更多是为了避免不规则的排版给客户带来的不便，更利于阅读者进行阅读。而在版面中，色彩的对称性体现在版式中文字、图片与版面色彩的对称和协调上。字体颜色应与版式设计整体效果相统一，继而体现出现代美学意义上的对称性，提升读者的阅读体验。

形式美作为版式设计过程中的重要原则，在平面设计和排版过程中被广泛应用。形式美的应用将设计过程进行秩序化和整体化的统一，给阅读者和消费者以强烈的视觉冲击。

第七课　版式设计的风格

课时：6课时

要点：了解在版式设计范畴内各个设计风格的形成条件、特征特点等基础知识；理解各种设计风格与版式设计内容的关联性；结合案例掌握各个设计风格在版式设计中的具体呈现方法。

风格不同于特色，风格是一个概念，是作品在整体上呈现的具有代表性的综合风貌。风格就是设计样貌的自然流露和具体表现，在版式设计中，影响版式设计风格的包括内容风格和设计风格。内容风格与设计的风格是两个概念，一个是阅读品位，一个是视觉审美。无论何种风格的版式，其目的都是更好地把内容传递给读者。视觉要素是传递信息内容的主要部分，是一切的根本，因此，版面内容非常重要，有怎样的内容就有怎样倾向的版面风格，理解版面内容，既是设计的前提也是设计的关键。

真正具有独创风格的版面设计像艺术品一样，能够产生巨大的艺术感染力，从而成功地实现设计者个人特有的思想、情感、审美理想等与欣赏者交流。不同设计者的风格也必然会因为他们生活的时代、阶级、环境、经历等因素的影响而产生差异。

1.极简风格

极简主义（图2-39）是20世纪60年代出现在西方的一种现代艺术流派，极简主义推崇的是形式简约、重视功能和科学严谨的一种设计理念，反对为了追求美感而进行过度装饰的设计风潮。这种艺术风格，以其简约明了的风格在当时各个领域引起了广泛的采纳和应用。极简主义在版式设计中的体现是设计表现的简化和提炼，使之达到形式和内涵的极简，从而直接、准确传达版面编排信息。这种设计风格不仅符合消费者浏览的简洁需要，同时也与信息传播的规律相契合。

极简风格的设计理念在于摒弃那些烦琐的装饰细节，将重点放在设计对象的整体空间关系和自身的整体造型和结构上。运用大面积的色彩组合、结构化的框架构建以及破繁就简的画面营造，使其艺术形式变得简洁清爽，视觉形象变得突出直观，在纷繁复杂的信息中保持清晰的构架和脉络，给人留下深刻整体的印象。在版式设计的过程中通常使用较为纯粹的色彩和简约的形象，删去那些

图2-39　极简主义风格的版面往往给人带来清爽、干净的视觉感受

图2-40　极简主义在杂志版面的呈现效果

虽有装饰性却含义不明的视觉元素。注重版面浏览的功能性，不刻意追求华而不实的装饰效果是极简设计风格的主要特征，往往给人一种干净、时尚、现代的心理感受。可以说，极简主义设计是一种高度提纯的设计艺术风格（图2-40）。

2.扁平化风格

扁平风格（图2-41）是在极简主义理念下所产生的一种现代设计风格，它和极简主义所倡导的设计思路较为接近，是在极简主义的基础上融入了现代设计，尤其是新媒体设计领域视觉审美的诉求。在当下，扁平设计风潮大行其道，几乎延展到设计的各个学科和领域。就版式设计而言，科学技术的发展和设计水平的提高使它的应用快速拓展到信息传媒领域，版面风格也越来越丰富，越来越多样化。简约、明了、大方的扁平化版面风格越来越受到人们的青睐，成为人们所追求的新趋势，致使简洁而不简单变成了大众对版式设计的一项新要求。

图2-41　具有扁平化风格的系列海报设计

图2-42　利用剪影来完成画面的版式设计也是一种扁平化效果的常用手法

从视觉效果上来看，扁平化版面设计属于纯粹的平面化设计，具有绝对的“二维”属性。这种设计风格在版式设计中主要体现在摒弃了拟物化设计中惯用的高光、阴影等塑造立体效果、透视效果的设计手法，去除无效的花边、底纹、肌理等装饰元素，版面中各元素的边界清晰、干净利落，不添加任何影响元素轮廓的效果。版面中的图形具有提炼化、归纳化、抽象化等特征（图2-42）。这种图形是抽象模拟真实物象的二维设计，以简洁生动的图形指代事物，是一种符号化的设计，能够将原始图像简化为舒适且易于解读的视觉符号。运用极简抽象的图形、矩形色块、简洁的字体来进行视觉效果的营造，能够使版面具有现代、整齐、简约、清爽、直观的视觉感受。相较于拟物设计和仿生设计，扁平化设计删除了一切仿真元素，弱化装饰因素对信息传达的干扰，使受众将注意力集中在信息本身，强化版式设计的传达功能。在文字处理中，由于扁平化设计要求元素更简洁、明了，致使经过高度加工美化的装饰字体并不适合在扁平风格的设计中应用，而是适合选用更加简洁、现代的无衬线字体，并通过字体大小、文字的编排群组来划分信息的权重层级。

3.几何风格

和极简风格一样，几何设计（图2-43）风格也是起源于20世纪60年代，它是一种典型的抽象形式，它的设计表现彻底摆脱了传统的物象表达，在视觉效果上具有给人焕然一新的新奇效果，非常善于对情绪的渲染。对于版式设计而言，抽象的几何风格虽然不具备视觉信息的直观表达功能，但是它高度精简的特性，非常便于融合版面的整体画面，并以其独特的视觉特性为版面带来视觉上的氛围营造。几何风格主张在版式设计中采用简化的轮廓造型、重复的几何图形、丰富的色彩来进行视觉效果的呈现，在设计中营造出活泼、个性、自由的视觉效应。几何风格在版式设计中的形成主要是依靠对几何风格图形元素的大量运用，所以理解版式设计中的几何风格，其本质是认识几何图形元素在版面中的视觉效果。

首先几何图形作为一种被简化了的视觉符号，在版式设计中占据着十分重要的地位。几何图形属于图形中的抽象图形，具有简练、概括、辨识度高、记忆性强等视觉特征，并且不同几何形态给人带来的视觉感知和心理感受也是不一样的。同时，几何图形是对现有事物形态的高度概括，即把一些现实存在的复杂又独特的事物形象以简化概括的视觉形态呈现出来（图2-44）。它是图形中最简单和直观的语言方式，使其在版式设计中能够迅速吸引人的视线和辨识，虽然无法像具象图形和文字那样具有高效的可读性，但却有着高效的可视性，并且还具有强烈的记忆性。

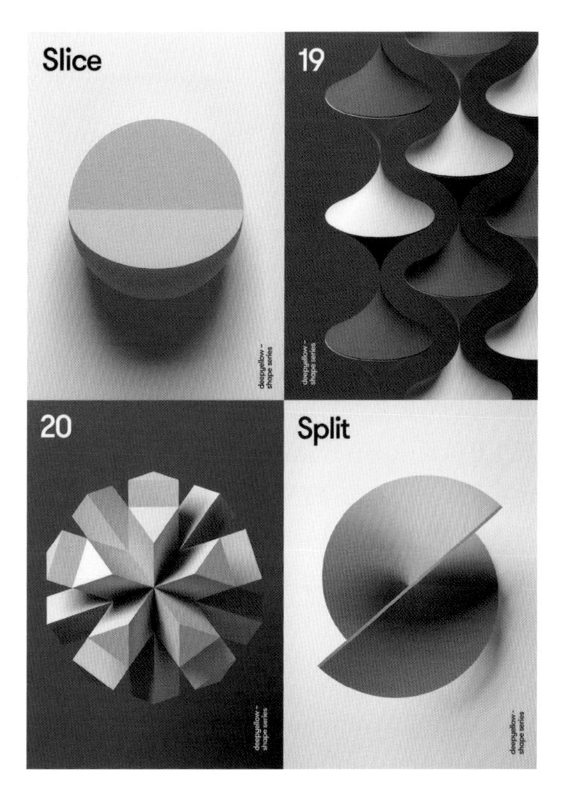

图2-43　一组具有立体几何效果的版式设计

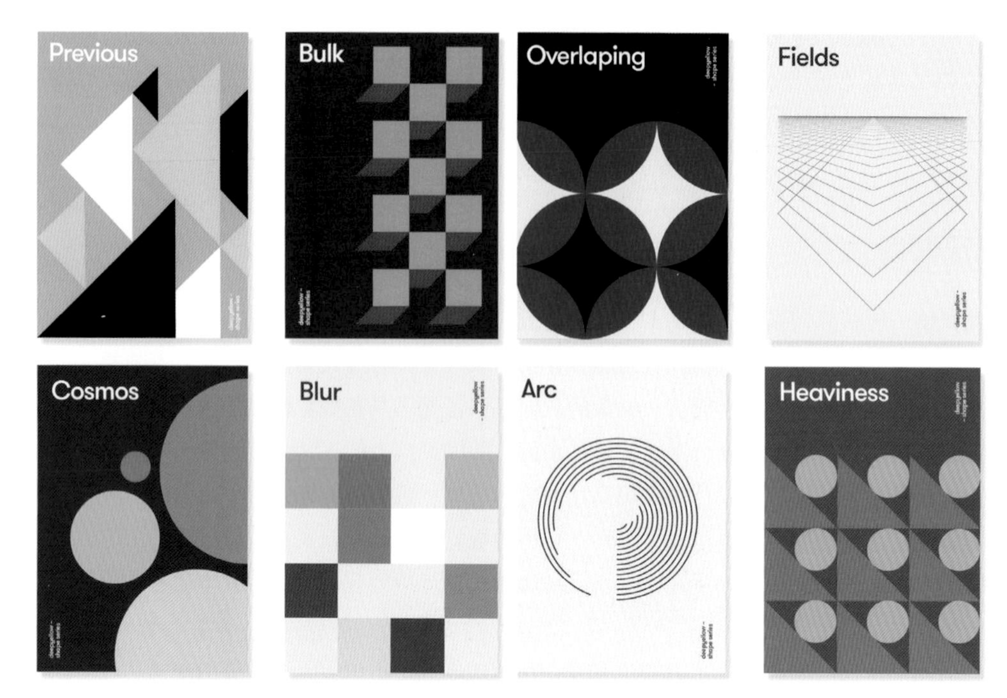

图2-44　一组具有平面几何效果的版式设计

在版式设计中，内容与风格是相互关联的关系。在设计过程中，应该根据设计内容的需要，选择对应的图形设计形式，将内容与形式完美地结合，使整个设计展现出和谐统一的一面。并且在注重其视觉冲击力的同时，还需充分考虑图形本身所蕴含的哲理性和精神内涵，并且还要符合现代人的审美情趣和价值取向。

4.古典风格

古典设计风格（图2-45）源于欧洲，其丰富的艺术底蕴、开放创新的设计思想及具有地域特色的设计风格，广受大众的喜爱和追求。古典风格与极简风格相反，具有极强的装饰性，主张设计无论从工艺到技法、从整体到局部，都需要对美的营造进行精雕细琢。这里需要注意的是，当下我们所要学习和掌握的古典风格是指历史长河中盛行于古代的一种装饰艺术风潮，并不是狭隘理解为欧洲或者西方的装饰主义，古典风格同样也涵盖了中国古代的艺术风潮。对于版式设计而言，主要体现在对版面中所有视觉要素的艺术化处理，大量运用繁多的装饰元素来填充画面，利用各种曲线、色彩和肌理等效果打造一场视觉盛宴，可以使浏览者强烈感受到历史的痕迹和浑厚的文化底蕴。这种风格运用到版面设计中，主要的方法是根据设计需求，将具有代表性的古典元素运用到版面中，从而营造出具有古典韵味的画面效果。在这里我们以中国传统设计风格为例，中国传统设计风格在

图2-45 带有中国古典韵味的版式作品

色彩上主要有大红、蓝灰色、黑灰色、水绿、白色、浅绛色、深黑色、淡蓝色、淡黄色、浅黄色等。代表元素主要有中国结、青花瓷、水墨画、灯笼、鞭炮、纹饰图案、书法、篆刻、茶具、古代器具、古式建筑、青铜器、历史人物、神话传说等。将这些要素大量应用到版式设计中，就容易形成具有中国文化韵味的设计风格。

5.卡通风格

卡通风格（图2-46）作为一种艺术形式最早起源于 17 世纪的欧洲，20世纪初期开始出现在我国并发展延续至今。卡通是绘画艺术的一个分支，经常用夸张和提炼的手法将原型进行再现，是具有鲜明原型特征的创作手法。用卡通手法进行创意需要设计者具有比较扎实的美术功底，能够十分熟练地从自然原型中提炼特征元素，用艺术的手法重新表现。卡通图形可以滑稽、可爱，也可以严肃、庄重。比较著名的卡通形象，如迪士尼公司的米老鼠和唐老鸭、上海美术电影制片厂的美猴王孙悟空等，都已成为老少皆知的独特图形。同时它还具有较强的社会性，用来讽刺、批评或歌颂社会中的人或事。在版式设计中，卡通风格版面主要体现在对卡通图形的设计及应用上，采用卡通风格进行设计，需要在阅览对象、信息内容、设计主张以及创意方面多做考虑（图2-47）。

图2-46　一组应用卡通风格的版式设计作品

图2-47　直接运用插画元素进行版式设计编排，可以视为将卡通风格进行更深层的拓展

第三单元
版式设计的应用

课　　时：24课时

单元知识点：本单元主要学习内容分别为版式设计在传统设计媒介与新媒介中的应用；通过对包装、海报、网页、UI界面等媒介中版式设计应用的逐个讲解，帮助学生将版式设计的相关知识与视觉传达设计的主要应用领域进行链接；掌握版式设计在各个视觉设计领域扮演的角色以及常规的应用方式方法；激发学生对视觉传达设计专业以及行业的热爱，为视觉传达设计专业后续课程的学习打下坚实基础。

版式设计是视觉传达体系的一个重要组成部分，它可以被看作所有视觉设计的黏合剂，兼具使用功能和艺术审美。

版式设计包括报纸、刊物、书籍、画册、产品、广告、招贴、唱片封套和网页界面等平面设计的各个领域。随着经济的发展和科技水平的提高，新媒体的出现使人类获取信息的渠道不仅仅局限于传统印刷领域，还会运用新兴科技的平台应用到影视、网页网站、手机界面等更多的新媒体领域。

第八课　版式设计在传统媒介中的应用

课时：14课时

要点：让学生们充分了解版式设计在包装、海报招贴、书籍装帧、宣传手册等传统印刷媒介中的具体作用以及应用方法。

传统媒体是相对于近几年兴起的网络媒体而言的，传统的大众传播方式，即通过某种机械装置定期向社会公众发布信息或提供教育、文化娱乐、商业宣传平台的媒体，主要包括报刊、书籍、海报招贴、商业宣传物、出版物以及包装等传统意义上的印刷发行媒体。

随着传媒形态的日益丰富，各类形态媒体所占有的受众传媒消费时间也呈现出此消彼长的态势。传统媒体的版式设计者应开阔眼界、触类旁通、关注流行和时尚等的相关艺术，增强自己的艺术修养和对时尚的敏感度，以及对设计规律的理解能力和把握能力，同时让大家明白即使是传统媒体的版式也必须学会创新来适应时代的发展。

1.包装中的版式设计

作为连接消费者和被包装产品的“直接媒介”，包装承担着传达产品信息的重要责任（图3-1）。包装及其传达的信息可以直接影响消费者对被包装产品的印象，进而影响消费者的购买意向和购买行为。伴随着市场需求的变化和消费结构的升级，包装的信息传达功能也越来越受到消费者的重视。包装的信息传达功能，也就是消费者对包装的解读和包装对消费者的驱动，是通过包装外观版式上的信息来完成的。因此，要想真实、准确、有效地向消费者传达被包装产品的信息，必须全面地、深入地分析包装版式设计的特点与规律。

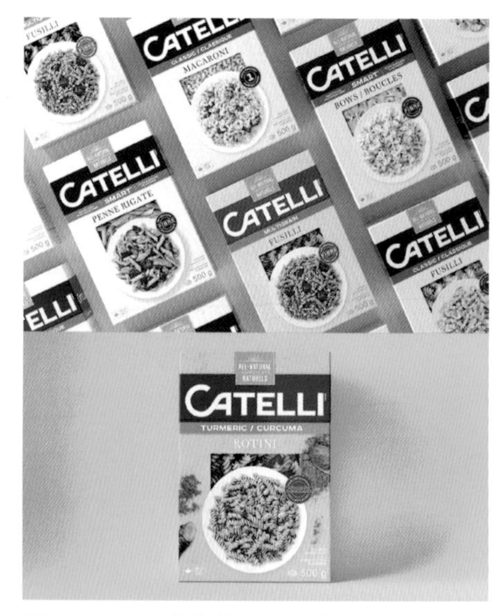

图3-1　Catelli意大利面品牌包装中对图形、文字以及色彩的版式设计

包装中的版式设计是指根据视觉传达的原理，将

色彩、图形、文字等设计要素按照一定的规律与法则进行编排组合。它是针对包装外观表面所进行的一种装饰设计。其中色彩、图形、文字是包装版式设计的三大视觉要素，在具体的包装版式设计中，它们主要包括品牌名称、商标、标准色、标准字体、插图、图像、使用说明、促销信息、产品成分、容量、公司名称、产地、联系电话、二维码、条形码等内容。

包装的版式通常是由一个或多个版面所构成的，比如最常见到的纸盒类包装，这类包装一般都是六面体的盒形结构，所以在版式设计中就可以理解为有六个版面，即前、后、左、右、上、下。每个版面因其在整个版式中的位置不同而具有不同的地位，它们分别承载着不同的设计内容（图3-2）。包装各个版面之间具有相对独立性，也同时具有联动性和统一性，所以在针对包装设计的版面编排时一定要处理好整体版式与局部版面之间的关系，做到包装整体板式的重点突出、主次分明、布局合理。

产品包装必须要引起消费者的关注和喜爱，设计者将各种文字、图形图案进行有目的的设计美化，再通过有规则有秩序的组合处理，可以大幅度提升产品包装的设计感。每一个成功的包装设计都应该体现形式美法则，通过元素之间的疏密关系、大小安排、虚实变化以及节奏感等构成手法，将各个视觉表现要素进行合理组织与布局，达成设计整体的优良效果。 而在具体的包装版式设计中，设计者需要通过色彩、图形、文字等要素作用于消费者的感官系统并影响他们的购买行为。如果产品要想在有限的时间内吸引消费者的注意，其包装版式必须简明扼要，便于理解，使消费者可以轻而易举地获得被包装产品的重要信息，这就要求版式设计要符合消费者的视觉流程和阅读习惯。人的视线往往有一个自然流动的方向，一般是从左到右、从上到下，在包装的版面中最常见的视觉动线是由左上方向右下方流动。由于这种视觉流程的影响，浏览者对版面中不同区域的关注程度会有所差异，即包装版面的上侧注意力强于下侧，左侧注意力强于右侧，版面的左上部和中上部被称为最佳视域。因此在进行版面设计时一定要重视并充分利用视觉流程，将重要信息编排在消费者的最佳视域（图3-3）。

图3-2 包装中不同的面上都会有不同的视觉信息，需要通过板式设计进行整合

图3-3 包装中的版式设计要遵循视觉流程的规律

2.装帧中的版式设计

装帧艺术是书籍形成美感的核心，是书籍“表”与“里”的和谐关系。书籍装帧的版式设计在编排形式上与其他平面设计的编排有一定的区别，甚至可以将它划归为立体类包装广告的范畴，因为它具有和包装类似的功能，即美化功能、保护产品功能、促销功能等。书籍装帧的版面设计非常注重精神和视觉的双重审美，并且文化气息浓厚，是将文化内涵、设计创意以及艺术表现结合较紧密的一类版式设计。书籍装帧设计的首要任务是透过书籍外在封面的视觉设计装饰，使读者在最短的时间内认识和了解书籍，在最短时间内获取该书的知识内容和质量等相关信息，成为不说话的推销员（图3-4）。

书籍版式设计的构造组织元素一般包括版心、天头、地脚、书口、订口、订口的空白和页码。版心也称为版口，是书籍每一个页面上承载印刷图文信息的范围面积，版心在版面中的大小能够直接影响书籍的调性、用途以及阅读时带给读者的视觉感受和心理感受，同时版心的大小应该根据书籍的主题内容和书籍篇幅来确定。通常针对文字信息较多，或只有文字信息的书籍版式，应该缩小版心面积，扩大书口和订口的面积，利用较多的留白来形成空间的联想，从而避免过多的文字给读者造成阅读的压力，也方便印刷装订成册过程中的批量裁切。针对图形较多的书籍，如杂志、摄影图册、画册、作品集等，则可以选择较大的版心，通过对图形进行跨版或采用出血图等多种方法，使版面的生动性增强，以吸引读者的注意力。设计者还可以将文字较多的正文通过分栏的方式改善其拥挤的版面形式，具体来说就是根据字数的多少、字号的大小等将版面分为两栏、三栏或多栏，

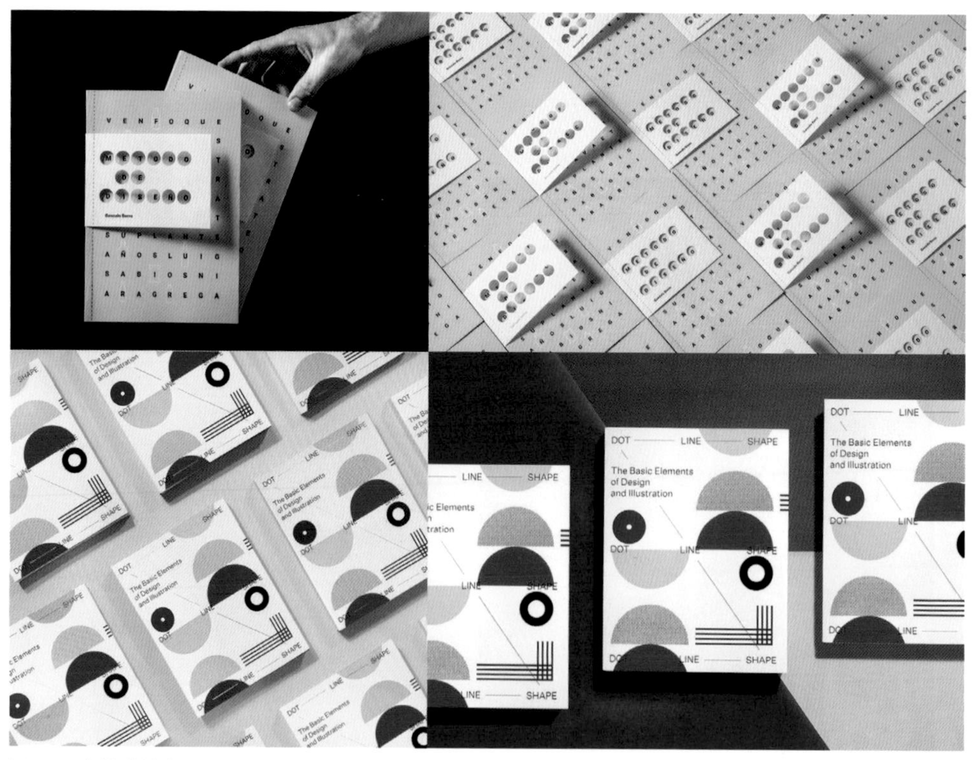

图3-4　书籍装帧中的版式设计也如同包装一样追求视觉美感

同时在段落之间运用线、面进行版面分割，还可插入相关图例，以此来减轻读者阅读时的疲劳感。版心周围的白边有助于读者更好地阅读，在稳定集中视线的同时，避免版面的紊乱，也方便翻页（图3-5）。少数书籍还甚至会在版心留出足够的空白，以便阅读者可以进行相关的文字标注。

这些留白空间的上端被称为“天头”，下端被称为“地脚”。书口是书籍三面需要裁切的地方，有上切口、下切口、外切口之分，接近书脊的部分叫订口。

在传统书籍的版式设计中，天头的预留空间往往会比地脚多；但在当下现代书籍的版式设计中，一般是地脚的留白空间与天头的留白空间相同甚至大于天头的留白空间。在书籍的版式处理上，还要重视页码的编排位置和形态。页码在书籍版式中可以看作是视觉的“点”，能够增强版式设计的局部细节质感，有效活跃整体页面版式效果，起到理顺书籍前后次序的作用，是书籍版式设

图3-5　书籍内页的版式设计

图3-6 页码的位置和形态能够活跃整个版面

计中必不可少的要素。它可以是简单的数字，也可以是典雅的汉字，还可以是带有装饰元素的文字符号，页码的设计可以是每页都标注，也可以分单双页标注（图3-6）。

3.海报中的版式设计

海报招贴也就是平面广告。在平面设计艺术领域里，招贴海报的影响面最大、设计应用领域最为宽泛、发展沿革最为悠久，海报招贴在国外被称为瞬时的商业艺术。当我们在进行招贴海报设计时，通常要考虑海报招贴版式的设计目的以及它的适用环境，因为它是直接传播信息的载体，无论是设计目的还是适用环境，都要求版式的设计具有视觉创意性，这种视觉张力充分体现了图形创意的魅力。

在海报招贴设计的版式设计中，首先需要满足的就是要夺目，通过直接的视觉要素来引起大众的关注，刺激消费者的视觉感官，并准确无误地传达信息。因此在设计海报招贴时，在画面的版式设计上要考虑消费者的关注习惯和视觉浏览的基本规律。招贴的核心任务是运用各种艺术手段，通过视觉要素完成信息的传递。这种传递过程要求信息传达精准、快速、明朗和印象深刻，这就需要在版式设计上按照视觉流程的基本规则来编排、处理这些视觉元素。设计者视觉流程处理得当，会在传达图文信息的时候做到迅速和准确，如果处理不得当，出现杂乱无章的视觉流程，则会导致消费者视觉感官的迷茫与混乱，自然在这样的情况下信息传递的完整性就会受到质疑（图3-7）。

图3-7　形式新颖的版式设计能够迅速吸引人的眼球，但是视觉流程容易混乱，不利于阅读

在满足海报信息传达的基础上，设计者要追求海报设计的个性化构图，满足形式上的独特感，提升海报设计的艺术魅力，增强对信息的记忆和印象。海报招贴设计是极具个性化的设计门类，海报招贴的内容通常决定了其艺术表现形式和手法，设计者需要根据不同的内容，针对不同主题，采用相应的设计手段在有限的幅面范围内表达其设计思想和主张。在设计海报招贴的时候，设计者可以采用不同的版式设计风格，来追求个性化的版面效果，在形式与内容达到高度一致的前提下，要最大限度地体现海报设计上的独特与创新。

最后，在海报设计中，要有意识地创造海报画面的整体感和系列感。海报招贴中的版式设计在其风格上需要形成一个统一的形式手法，在版式设计中要对文字的大小、形态以及艺术表现、图形的色彩、画面的分割比例等方面进行整体的宏观调控。设计者要想有效地、系统地传播系列信息，必须把组成系列海报招贴的各个画面按照一定的视觉规律，有意识地进行系列构架，使系列海报形式统一，主题明确。用这些设计理念来合理安排版面，能够使系列招贴的整体感清晰、顺畅，有助于系列招贴整体性的阅读和理解，从而快速准确地把握住系列招贴的具体信息内容（图3-8、图3-9）。

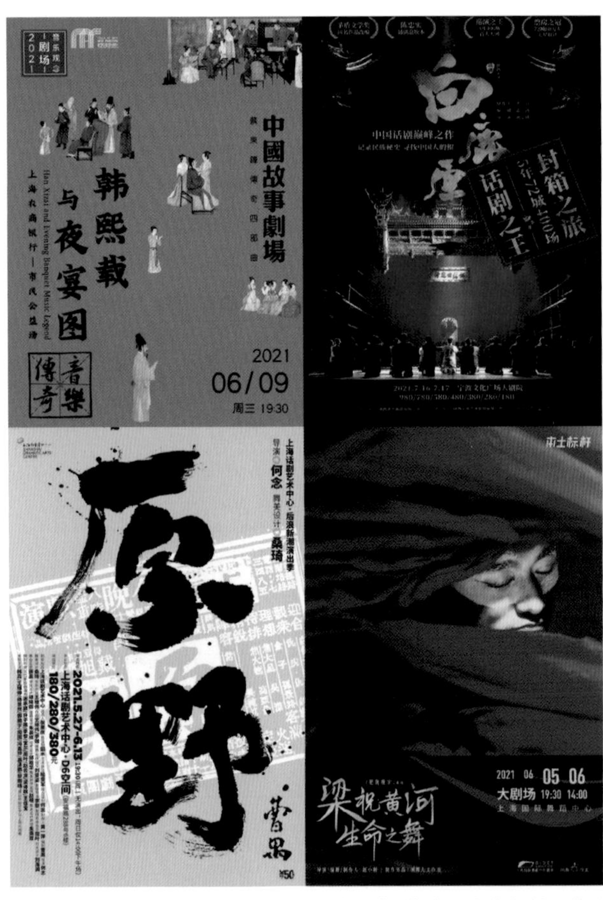

图3-8　信息层级明确、主次分明的版式设计更加容易突出主题，利于阅读

图3-9　运用相同的版式布局和图形表达形式容易达成海报设计的系列感

4.文报刊册中的版式设计

版式设计涉及装帧、包装、海报广告、新闻纸媒、宣传册、说明书等众多领域。其中由于新闻纸媒和宣传手册、商业刊物、说明书等内容具有较高的重合性，所以常被统称为文报刊册类。这类设计物的版式设计是商业媒体通过文字、图片、色彩等符号向大众传递新闻和商业信息的一种方式（图3-10）。版式的编排与设计是新闻媒体各种内容编排布局的整体表现形式，是帮助说明、指导、告知和吸引读者阅读的有效手段。

文报刊册类出版物中版式的艺术表现形式是通过点、线、面等元素在版面空间中组合而成的。点、线、面是构成视觉空间的基本元素，也是版面设计上的主要语言，通过点、线、面的组合与排列构成，并采用夸张、比喻、象征等手法体现视觉效果，既美化了版面，又提高了传达信息的功能。不管版面的内容与形式如何复杂，但最终可以简化到点、线、面上来。它们相互依存，相互作用，组合出各种各样的形态，构建出千变万化的优质版面。对版面空间进行分割，置入不同的元素，并对元素之间的关系在比例、位置、方向、轻重等方面进行调整、协调，从而形成个性化、符

图3-10　一组综合印刷物的版式设计

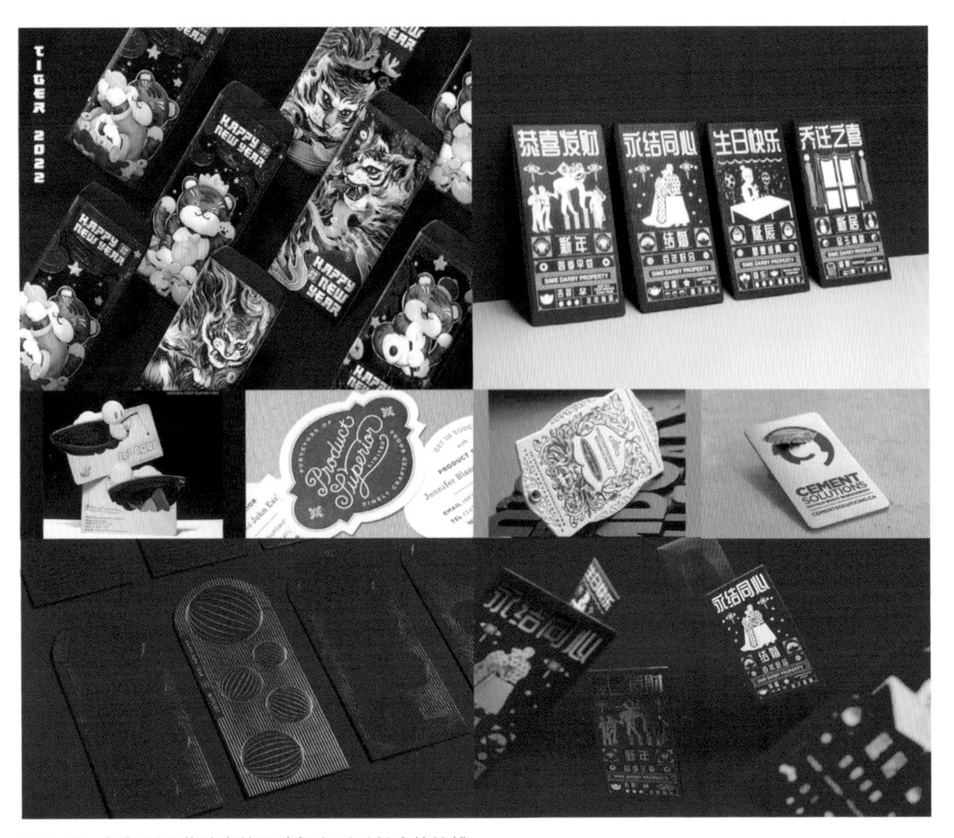

图3-11　任何平面范畴内的设计都离不开版式的编排

号化、艺术化的版式作品，以此来体现个性、时尚、意境与情感等多种内涵。在具体设计中要强调版面的协调性原则，也就是强化版面各种编排要素在版面中的结构以及色彩上的关联性。通过版面的文、图间的整体组合与协调性的编排，使版面具有秩序性、条理性，从而获得更好的视觉效果（图3-11）。

第九课
版式设计在新媒介中的应用

课时： 10课时

要点： 了解版式设计在网站网页、UI界面等新媒介中的具体作用以及应用方法。

新媒体是相对于电视、报刊、广播等传统媒体而言的新型媒体形式的统称，是通过移动网络、数字传输等技术来实现，运用互联网思维来运营，利用电脑、手机、电视等作为服务终端来为大众传播信息、提供平台型服务的媒介载体。新媒体在不断发展的过程中呈现出了多样化的发展生态，这种多样化的生态环境极大地改变了现代视觉艺术，剧烈地颠覆了人们的信息阅读方式，也大大丰富了人们的视听感受。

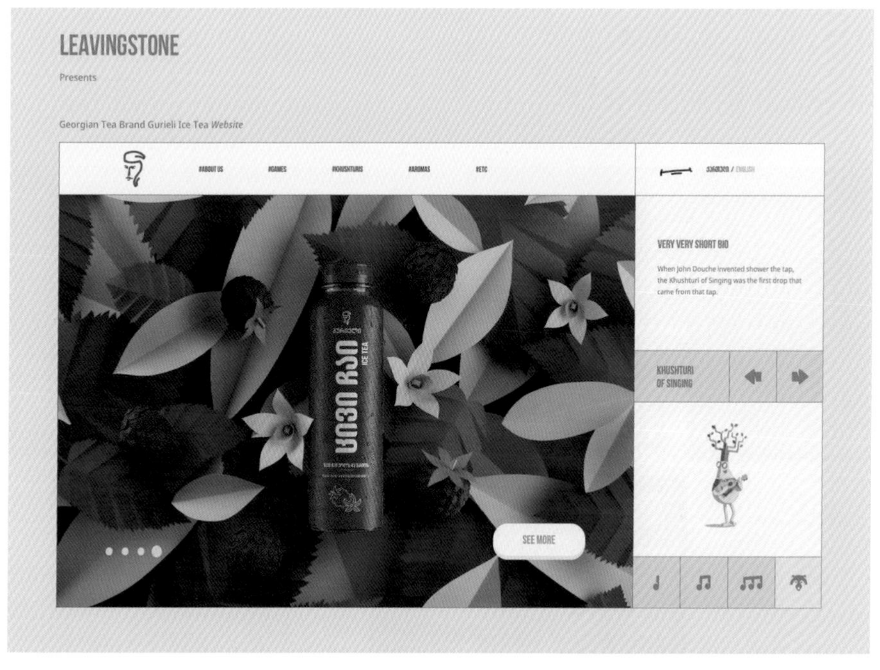

图3-12　Gurieli冰茶网站

相较于传统媒体，新媒体有着无可替代的独特特性，即大数据的超大信息载荷量、信息传播的碎片化与交互性、信息消费方式的快餐化、传播途径的数字虚拟化，这些特征无不倒逼着传统版式设计改变过去美学的设计理念，设计出在虚拟的时空中进行无障碍交流的动态的版面形象，以适应现代视觉艺术的传播需求，这也使传统版式设计突破了原有静态的平面设计思维，向动态化、多空间的创作思维转化。

1.网页中的版式设计

当网络已经深入人们生活的方方面面，它成为人们了解知识最重要的媒介平台。对于其他媒介来说它有几大优势，首先是成本相对较低，其次信息量巨大，再次它的交互性强，最后它的传播范围广。而网页设计中的版式是指设计者在网页基本形态要素的支撑下，按照一定的艺术规律进行美化和组织布局，同时结合网页的文字、图像、动画、音频、视频等元素，使其形成整体统一的视觉效果。设计师所采用的视觉艺术规律和艺术风格，在给浏览者带来感官上的美感和精神上的享受的同时，也在有限的屏幕空间内体现了设计者的想法、意图，从而达到了有效传达信息的目标。

（1）网站页面的类型及版式特征

网页版式设计根据内容性质，在布局上会产生差异，可划分为如下几个类型。

①政府门户类网站

在此类网页中，通常文字信息居多，图片运用较少，并运用Icon功能识别图标使用户可以快速预知按钮的功能、文本的意义，从而快捷引导用户进入功能页面进行信息查询、信息录入以及线上业务办理等。通过文字的叙述和图标的运用，将重点放在信息发布和办事功能的展示等方面，能够强调政府部门的权威性和门户网站的功能性。需要注意的是，在设计此类网页版式时，通常是不允许增加其他方面的广告信息的，只能阐述与主题相关的内容。它们的版式设计上往往以横竖直线构图为主，有明确的骨骼线（图3-13）。

图3-13　重庆市人力资源和社会保障局官方网站

②新闻门户类网站

这类网站在首页上，会根据内容的不同，划分出新闻、教育、娱乐、财经、科技等多个模块。此类门户网站也是通常以文字为主，穿插一定量与板块内容相关的高品质图片，来吸引浏览者的注意，且为了便于浏览者阅读，版面大多较为整齐工整，且具有一定的秩序感。在模块设计处理上可以选择不同的色彩，在设计细节上可以有所差异，这样进行设计编排既能体现每个模块的差异性，又能够保持整个页面的统一协调。一般来说，在这类网页设计中，横向的内容通常是固定不变的，这样做能够让浏览者在浏览时有整体连贯性的阅览体验（图3-14）。

③商务类网站

商务类网站主要体现对企业、产品的介绍和推荐功能，除了一些企业介绍、通知公告等文字类板块外，产品的图片或视频展示窗口也需要安排在适当的位置，并配以产品的文字说明。此类网站的版式设计通常是通过文字与图像之间占比大小的相互配合，采用较为规整的编排框架来引导浏览者的视觉浏览，从而达到有效的宣传作用（图3-15）。

图3-14　中央电视台体育新闻网站

图3-15　商务类网站主要是对外进行形象和业务的宣传

(2)网页版式设计常用的布局形式

网页版式设计布局，简单的理解就是将图片、视频和文字摆放在页面的不同位置给浏览者带来最适合的浏览体验，并且能够兼顾网站内容的呈现、美感和浏览者的阅览体验。经过网页设计者大量的实践总结，常见的网页布局形式包括“同”字布局、“T”字布局、“三”字布局、“川”字布局等。

①“同”字型结构布局

“同”字结构布局（图3-16）在页面的顶部位置是网站 Logo 及广告条，往下可分为三栏，左右两栏分列两小条内容，以及横竖同时进行分割，中间位置是网站的主要部分，与左右两栏并列纵向延伸到网站底部，版权信息、友情链接、网站地图等汇集于网页底部。

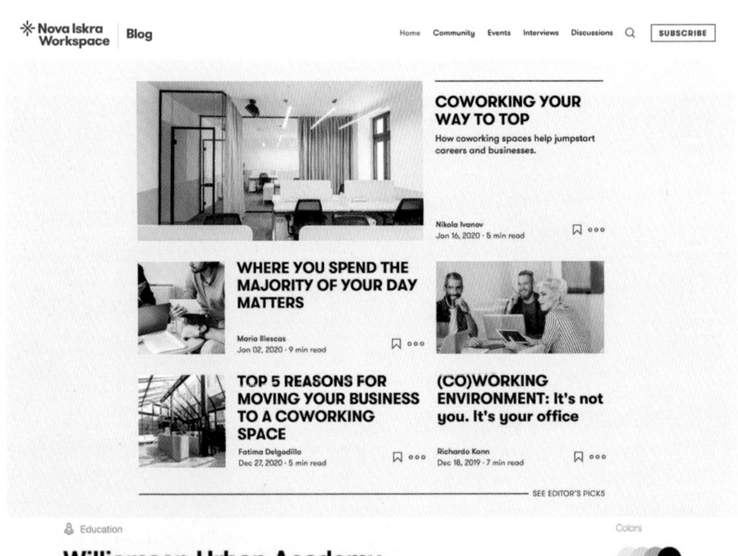

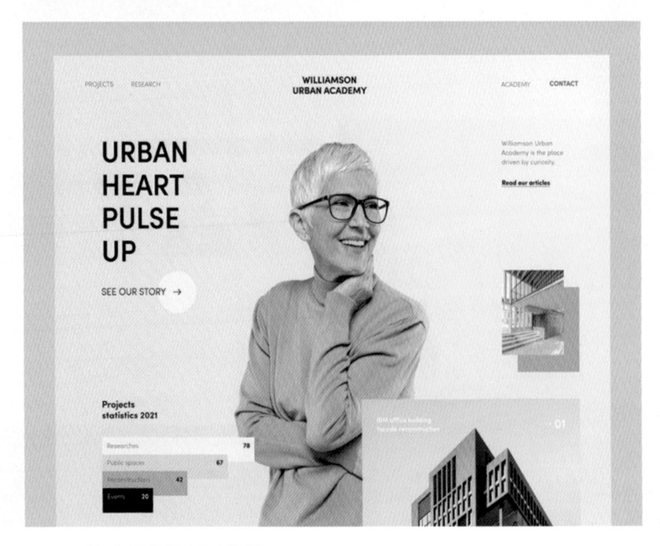

图3-16 “同”字结构的网页布局

②“T”字结构布局

“T”字结构布局（图3-17）的页面顶部和“同”字结构一致，网站 Logo一般置于页面顶部的左上角，往下分为左右两栏，左栏设置为主导航区，网页主要内容分列在右栏。左导航区的背景一般设置为较深的颜色，右边信息区的颜色较浅，显得干净整洁，整体效果类似英文字母“T”。这种布局的优点是页面条理清晰、主题突出，是初学者最容易掌握的布局方法。缺点是对色彩细节搭配要求比较高，如果搭配不当，会给人以规矩呆板感，容易引人厌烦。

③“口”字结构布局

“口”字结构版式布局（图3-18）类似一个方框，页面顶部和底部通常放置广告条，中间区域分为左、中、右三栏，左栏是主菜单，中间栏为网页主要内容，右栏是热点推荐、友情链接或图片展示区域等。这种布局的优点是版面利用率高，网页布局紧凑，信息丰富。缺点是四面呈封闭状态，容易产生视觉的浏览压力，使人产生压抑感。

④对称对比结构布局

对称对比结构布局（图3-19）是指整个网页采取左右或者上下对称的布局编排，区域划分明确，非常醒目，在色彩明度上一般会选择一边为深色，另一边为浅色。两部分搭配协调，会具有很强的视觉冲击力和主次关系，但将两部分有机地结合会比较困难，容易产生死板、版式乏味等问题，设计难度较大，不易掌握。此类布局一般用于设计型站点。这样的设计风格简洁、明了。访问者一下就能准确地找到自己需要的内容，在这个时间一分都不能浪费的世界里，最能符合现代人工作中的时间观念。

⑤POP结构布局

POP结构布局（图3-20）的网页更像是一幅网页版的电子广告，整个页面中间是一幅醒目且设

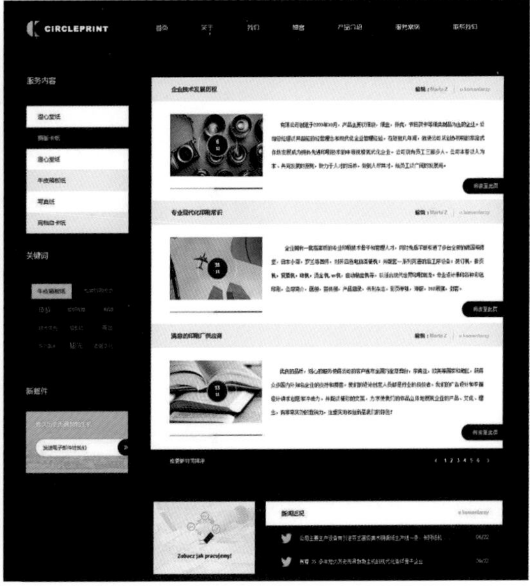

图3-17 “T”字结构的网页有明显的左右分割布局

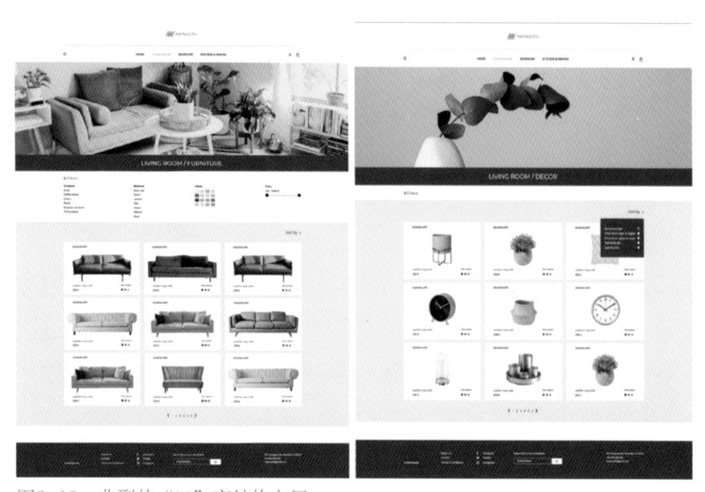

图3-18　典型的“口”字结构布局

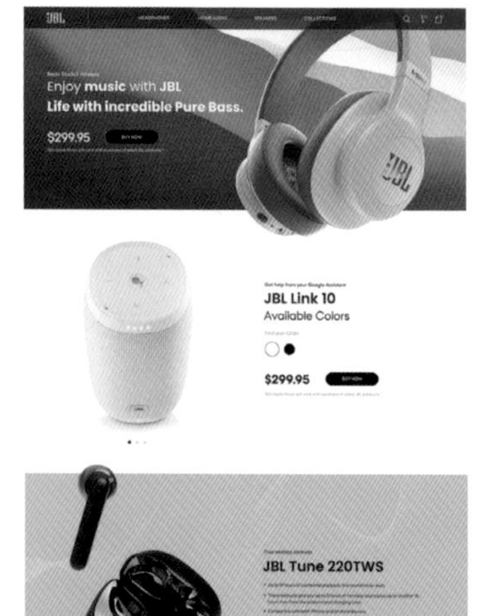

图3-19　该网页的版式采用了典型的图文对称手法

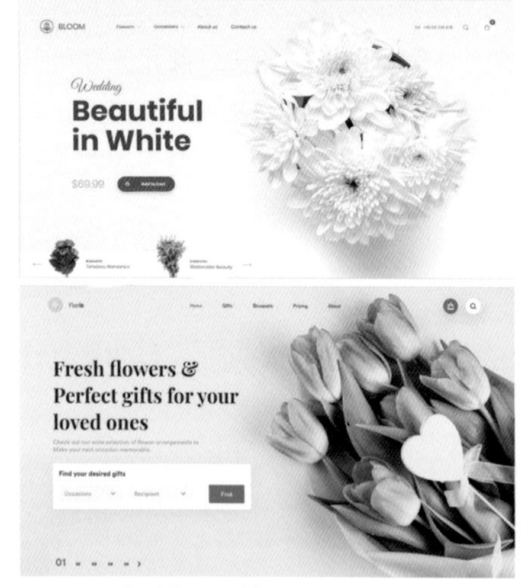

图3-20　典型的POP结构的网页版式布局

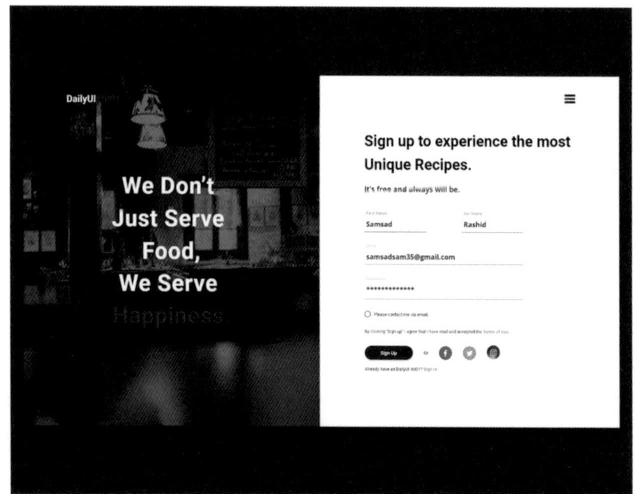

图3-21　以文本为主的登录页面

计精美的大图片，大图中间再穿插一些图片和文字，设计漂亮吸引人，犹如一张宣传海报。但大量运用图片会导致图形分辨率偏大，网页下载速度慢，浏览不顺畅，且提供的文字信息量有限。此类布局常用于时尚类或教育类站点，其网站的宣传性功能往往大于操作功能。

⑥Flash布局

这种网页形式就是整个页面通过Flash动画来直接呈现页面信息，像是一个影视动画或者影视广告，特点是画面绚丽，动感十足。由于 Flash 的强大功能，页面所表达的信息更加丰富，也能直观地体验视觉效果和听觉效果，是比较新潮的一种布局方式。

⑦标题文本型结构布局

这种类型的页面（图3-21）最上部往往是主题标题，下面是正文，页面内容以文本为主，这类页面的特点是功能明确、单一。比如一些文章页面、投票页面、注册页面、查询页面等内容的页面多采用此类布局。在版式设计上难度较低，主要处理的是各个信息的层级和主次关系。

以上是目前网络上较为常见的几种布局， 在具体使用时可灵活安排。比如板块内容非常多，就要考虑用“国”字结构。而如果一些说明性的内容比较多的时候，例如新闻或者门户网站的正文页，则可以考虑标题正文型。如果是企业网站或个人主页，不需要表达过多的文字信息，那么可采用POP 结构、Flash 布局或对称对比结构，能大大丰富网页视觉和听觉效果，引人注目。或许我们觉得这些风格过于形式，但在商业设计中它们对公司形象做了一个很好的把握，严谨、大气、不拘小节的表现风格能把公司良好的品质感、不凡的实力水平充分地表现出来。

2.UI界面中的版式设计

如今手机、电脑、电子终端等平台的新媒体的界面展示形式，承载着不同的图形、文字、视频、音乐，呈现出一种翻滚化的状态。开始涉及人们生活中的各个方面，并在一定程度上支配着我们的生活。在这样的状态下，版式设计也跟随着不同的媒介发生着审美变化。

UI设计是指对软件的人机交互、操作逻辑、界面美观的整体设计，也叫用户界面设计。UI设计大体包含三个方面，一是图形设计，对用户界面进行图标按键的外观设计。二是交互设计，对产品的操作流程、树状结构、操作规范等进行设计，确立用户与产品间的交互模型以及应用规范。三是衡量UI设计的合理性、美观性。优秀的UI设计首先要通过美观的产品外观设计吸引用户，带给用户舒适简单的操作感受，这些功能的实现都离不开合理的版式设计（图3-22）。

（1）UI界面版式中的设计元素

我们所使用的APP被称作软件系统。APP程序软件指的是智能手机的第三方应用程序。这种应用程序都是需要前后台相互呼应，相互统一操作，才会让应用程序的界面呈现出功能的完整和视觉的和谐统一。应用程序的后台操作指的是功能的编码和逻辑的设定，后台的技术主要包括人机交互、操作逻辑、软件系统、硬件系统等。“人机交互”的技术是最为主要的，通过这些后台技术，能够在前台产生直观的视觉效果，因此APP版式上面呈现的东西非常多。包括图标、色彩、滑动条、各个方向提示的按键等，这些都是界面上必须要有的。在界面版式设计中充分运用色彩、图片、影像、声音等方式吸引使用者是UI界面中版式设计的核心目标（图3-23）。

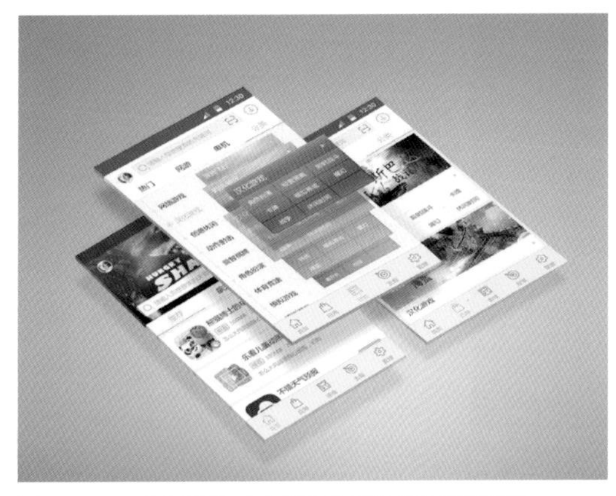

图3-22 UI主要是针对手机移动端的操作界面设计

图3-23 iOS系统的手机界面图标

（2）UI界面版式设计的原则

①适用原则

适于用户操作控制按键，包括让用户在最短的时间找到操作的方法，够找到清楚的点击关键点，简单、明确，避免用户在使用时发生错误和重复。如图3-24所示，在这个导航界面中，直接点搜索，输入要去的地方，点击进去后，我们会看到路线是非常清楚和明确的。此外它的查地图、周边，语音命令也是清楚和明确的，使用非常简单。虽然在设计中这些提示点是非常小的，包括一些小的符号，但却是清楚和明确的。

②减负原则

在一般情况下，手机的软件操作界面要求尽量简洁大方，方便用户的使用和操作。在不同手机应用软件的界面上有很多的按键和图标，设计时必须要配合用户使用习惯，尽量避免让用户花时间去寻找相应的操作按键和按钮，并且在设计中要有明确的提示。如图3-25所示，界面操作按键大小应该适合人机工程美，且具有美观性，达到协调舒适的效果，这样能在有效的界面范围内吸引用户的注意力。在界面版式设计中还要充分运用色彩、图片、影像、声音等方式来丰富使用者的交互体验。

图3-24　某地图的导航界面

③一致性原则

界面的版式设计风格需要尽可能保持一致，不要出现过多的风格差异。如图3-26所示，不同界面保持一致的风格。做设计的时候我们通常使用两个到三个的主体色彩，这些色彩在各个层级的操作界面中是固定不变的，目的是保持界面效果的统一性。

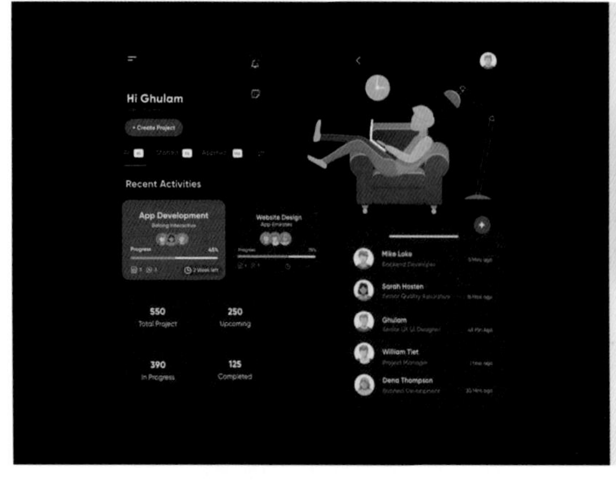

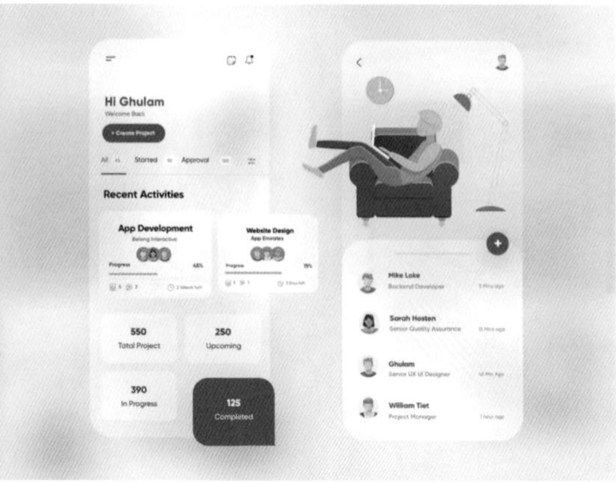

图3-25　简洁的版面配合夜视模式，充分地体现了以人为本的设计理念

④层级精练原则

一般一个软件的层级最好不要超过四级，多出四级就会产生记忆负担，因此设计时需要尽量将层级减少，通过合理的分类，突出明确的功能以及内容整体，提供不同层次设定，便于用户在不同层级页面的浏览和操作使用（图3-26）。如果内容较多，那界面中拉动左右或上下的滚动条就显得很重要了，这种滚动条的设置能够让你在较少的层级页面中，将大量内容信息分区明确，大大地减少了用户点击和等待的时间。

（3）UI界面版式的布局形式

手机界面相比于电脑界面，物理尺寸小了很多，布局与电脑界面也是相差甚远，所以尽量不要把做网页设计的习惯带到手机移动端界面的设计中。作为用户体验设计师需要对信息进行优先级划分，并且合理布局，提升信息的传递效率。每一种布局形式都有它的意义所在，下面来谈谈手机界面设计中常用到的一些页面布局。

① 标签式布局

标签式布局（图3-27）也叫网格式布局，一般承载较为重要的功能。由于标签式的设计较有仪式感，所以视觉上层级划分非常清晰明确，一般用于展示较多的快捷重要入口，且各模块相对独立。一行标签一屏横排不可超过5个标签，一旦超过5个标签就需要设置左右滑动显示。标签式布局的优点是各入口展示清晰，方便快速查找。标签式布局的缺点是扩展性较差，标题不宜过长。并且非重要层级的功能，或者不可点击的纯介绍类元素，不适用于标签式设计。每一个标签都可以看作界面布局中的一个点，过多的标签也会让页面过于琐碎，并且图标占据标签式布局的大部分空间，因此图标要设计得较为精致，同类型同层级标签也要保持风格以及细节上的统一。

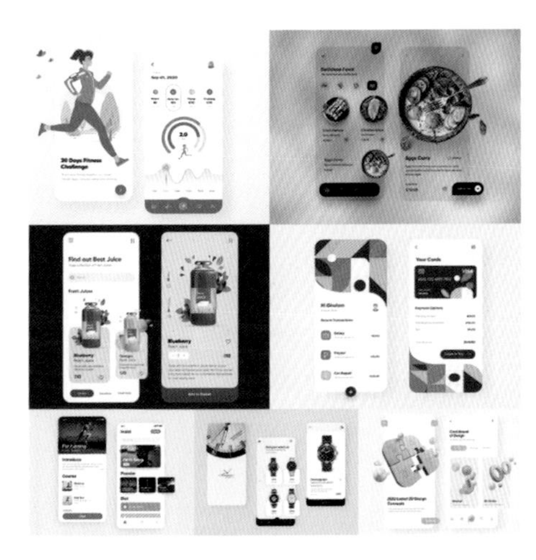

图3-26　在UI界面设计中，不管采用什么设计手法，都要保证界面版式设计的系列感和清晰的层级关系

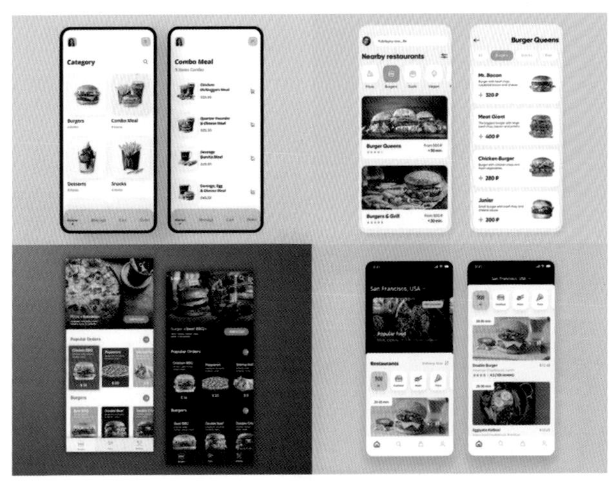

图3-27　标签式布局的UI界面常用于带有交易属性的APP

②列表式布局

列表式布局（图3-28）的界面版式是移动端适用于小屏幕限制下最常见的版式形式之一。列表式布局非常适用于文字较长、较多的信息组合。列表式的布局优点是信息展示较为直观，节省页面空间，浏览效率高，字段长度不受限制可以错行显示。缺点是整体界面的版式变化较少，缺乏设计感，单一的列表页容易视觉疲劳，并且不适用于信息层级过多且字段内容不确定的情况。在这种版式布局中，常常需要穿插其他版式，形式让图形图片来丰富界面。

③卡片式布局

卡片式布局（图3-29）从某种程度上来说，是在栅格的基础上做了进一步的延伸。它是将整个页面的内容切割为多个区域，不仅能给人很好的视觉一致性，而且更易于设计上的迭代。卡片式设计的另一个典型好处是可以将不同大小、不同媒介形式的内容单元以统一的方式进行混合呈现。最常见的就是图文混排，既要做到视觉上尽量一致，又要平衡文字和图片的强弱，这时卡片式布局的排版往往会产生较好的视觉效果。例如，当一个页面内信息板块过多，或者一个信息组合中信息层级过多时，通过列表式设计容易使用户出现视觉误差时，卡片式的设计就再合适不过了。

卡片式设计的缺点是对页面空间的消耗非常大，需要上下左右各有间距，就会导致一屏呈现的信息量很小。所以当用户的浏览是需要大范围扫视、接收大量相关性的信息然后再过滤筛选时，或者信息组合较为简单，层级较少时，强行使用卡片式设计会让用户的使用效率降低，带来麻烦。

④瀑布流布局

当一个页面内卡片的大小不一致，产生错落的视觉效果就是瀑布流布局（图3-30）。瀑布流设计适用于图片、视频等“浏览型”内容，当用户仅仅通过图片就可以获取到自己想获取的信息时，那么瀑布流再合适不过了。

例如，移动端的瀑布流一般是两列信息并行，可以极大地提高交互效率，并且可以用来制造丰富、华丽、视觉冲击的体验，适用于电商或者小视频类应用。瀑布流布局的缺点是过于依赖图片质量，如果图片质量较低，整体的产品格调也会被图片所影响，并且瀑布流布局不适用于文字内容为主的产品，也不适用于调性较为稳重的产品。

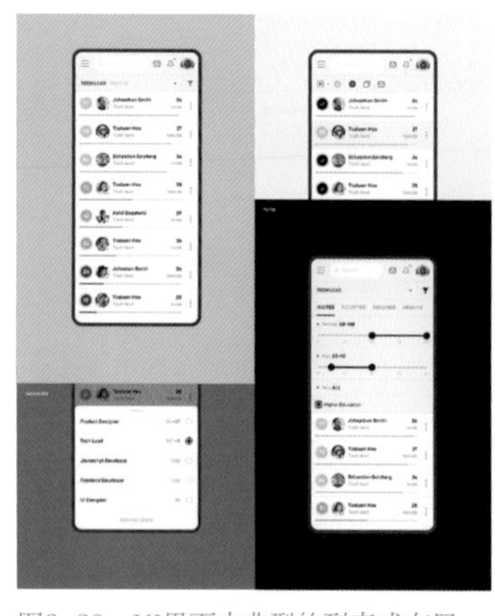

图3-28　UI界面中典型的列表式布局

图3-29　卡片式布局的UI界面便于内容图像的更换或调整

图3-30　瀑布流布局的版面常用于视频播放类APP

⑤多面板布局

多面板的布局更常见于PAD终端界面排版形式，但移动手机界面也偶尔会用到。多面板很像竖屏排列的Tab，可以展示更多的信息量，操作效率较高，适合分类和内容都比较多的情况，多用于分类页面或者品牌筛选页面。优点是减少了页面之间的跳转，并且分类较为明确直观。它的不足是同一界面信息量过多，较为拥挤，并且分类很多时，左侧滑动区域过窄，且不利于单手操作。

⑥手风琴布局

手风琴式的界面布局在电脑浏览器上很常见，很多浏览器的导航、历史、下载管理等页面均采用了手风琴式的排版布局。这种排版布局常见于两级结构的内容。用户点击分类可展开显示二级内容，在不用的时候，内容是隐藏的，只有需要时才会点击显示，因此它可承载比较多的信息，同时保持界面简洁。手风琴可以减少界面跳转，与树形结构相比，手风琴布局的界面能够有效减少点击次数，提高操作效率。但是手风琴式布局设计的缺点是同时打开多个手风琴菜单，分类标题不易寻找，且容易将页面布局打乱。

新媒体在不断发展的过程中呈现出了多元化的发展生态，这种多元化的生态环境极大地改变了现代视觉艺术。在科技发展的今天，我们看到越来越多的出版物在电子化、网络化，越来越多的影视作品在向短视频化、泛娱乐化的方向发展；越来越多的广告更加注重交互性和软性植入，这些都是这种常态和大趋势下现代视觉艺术为了适应当下信息社会新的语境所呈现出的新的表现形式，这也是现代视觉艺术为了继续生存、发展的内在需求。设计师们只有抓住当下受众主体的审美喜好、阅读习惯、潜在需求，并将其创造性地和自身表现语言进行恰当结合，才能将现代视觉艺术中版式设计的语言潜力最大化地挖掘出来。

参考文献 / REFERENCES

[1] 吴烨.版式设计 [M].沈阳：辽宁美术出版社，2017.

[2] 张洁玉，张大鲁.版式设计基础与表现 [M].北京：中国纺织出版社，2018.

[3] 王斐.版式设计与创意 [M].北京：清华大学出版社，2017.

[4] 李立新.设计概论 [M].重庆：重庆大学出版社，2004.

[5] 王受之.世界平面设计史 [M].2版.北京：中国青年出版社，2002.

[6] 杨仁敏.版式设计 [M].重庆：重庆大学出版社，2012.

[7] 张鹭.新媒体背景下现代视觉艺术中的版式设计 [J].新媒体研究，2019 (13).

[8] 张雨.栅格系统在版式设计中的研究与应用 [J].吉林工程技术师范学院学报，2008 (9).

[9] 郑甲求，张星.版式设计中的基本元素：点、线、面的应用 [J].美术教育研究，2012 (13).

[10] 王君洁.浅谈文字在设计中的视觉力量 [J].科学之友，2008 (17).